Mathematische Forschung in den letzten 20 Jahren

Rede
gehalten am 31. Januar 1921
vor der Mathematischen Gesellschaft Benares
von deren Vorsitzenden

Ganesh Prasad

Aus dem Englischen übersetzt von
Dr. Friedrich Lange

1 9 2 3

Berlin und Leipzig
Walter de Gruyter & Co.
vormals G. J. Göschen'sche Verlagshandlung — J. Guttentag, Verlagsbuchhandlung — Georg Reimer — Karl J. Trübner
Veit & Comp.

C. G. Röder G. m. b. H., Leipzig. 807025

Inhalt.

Verehrte Herren Kollegen und Kommilitonen!

Ich beabsichtige, heute abend zu Ihnen über mathematische Forschungen der letzten 20 Jahre zu sprechen. Doch gestatten Sie mir zuvor einige Worte über die Wahl meines Gegenstandes.

Als ich heute vor einem Jahre vor der ersten Jahresversammlung der Gesellschaft stand, sprach ich von der Notwendigkeit und den Aufgaben einer mathematischen Gesellschaft und versuchte, Ihnen gewissermaßen einen Spiegel vorzuhalten, in welchem Sie die Arbeitsweise und die Methoden der mathematischen Gesellschaften der Welt sehen könnten. Die Entwicklung, die unsere Gesellschaft während der letzten zwölf Monate gemacht hat, ist eine stetige gewesen, und ihr Beitrag zu dem Fortschritt der Wissenschaft ist von manchen bedeutenden Mathematikern gewürdigt und gelobt worden. Wir sind der Unterstützung vieler mathematischer und gelehrter Gesellschaften in England, Holland, Schweden, Italien, Japan und Amerika sicher, welche ihre Veröffentlichungen gegen unser Journal austauschen; wir erfreuen uns der Sympathie und des Interesses mancher großer Führer mathematischer Ideen, die mir geschrieben haben, um die schon getane Arbeit der Gesellschaft zu würdigen. Wir sind Mitglieder einer Gesellschaft, welche eine glänzende Zukunft hat und zu den schönsten Hoffnungen berechtigt, und ich habe das Vertrauen, daß unsere Arbeit, wenn wohlgeleitet, bald der „Benares Mathematical Society" eine ausgezeichnete Rolle in der mathematischen Welt sichern wird. Bei der Auswahl des Gegenstandes meiner Rede bin ich hauptsächlich von dem Wunsche geleitet worden, Ihnen eine Idee von den wichtigen Fortschritten der mathematischen Wissenschaften in den zwanzig Jahren, die von dem jetzigen Jahrhundert verflossen sind, zu geben und Ihnen damit Vorbilder zu zeigen, nach denen Sie Ihre eigenen Forschungen richten können.

1. Trotz der von Jahr zu Jahr steigenden großen Zahl von mathematischen Originalarbeiten kann man deutlich gewisse wichtige Linien erkennen, längs deren das mathematische Wissen in dem betrachteten Zeitabschnitt vorwärts geschritten ist. Die wichtigsten dieser Wege sind diejenigen, die zu dem Aufbau der Theorie der Integralgleichungen und ihren

Anwendungen führten, die Erforschung der Grundlagen der mathematischen Physik, die Verallgemeinerung des Begriffs der konvergenten Reihen und die Entwicklung des Relativitätsprinzips.

I. Integralgleichungen.

2. Obwohl lange vor 1887 gewisse Integralgleichungen von Laplace, Abel, Liouville und Joachimsthal untersucht worden sind, finden wir den Ausdruck „Integralgleichung" doch erst in einer Arbeit*) von Paul Du Bois-Reymond vom Oktober dieses Jahres. Dort wird zuerst der allgemeine Fall von Integralgleichungen erwähnt, nämlich

$$\int_0^S ds\, f(s)\, \Phi(s, x) = \psi(x)\, f(x) + \chi(x),$$

wo S eine Konstante, Φ, ψ, χ bekannte Funktionen, und f zu bestimmen ist. In dieser Arbeit wird zuerst bestimmt auf die Wichtigkeit der Integralgleichungen hingewiesen. Die Entwicklung der Theorie der Integralgleichungen hat die folgenden Worte†) von Du Bois-Reymond voll bestätigt: „Die Integralgleichungen sind mir seitdem (seit 1852) in der Theorie der partiellen Differentialgleichungen so oft vorgekommen, daß ich überzeugt bin, die Fortschritte dieser Theorie seien an die der Behandlung der Integralgleichungen gebunden, über die aber so gut wie nichts bekannt ist. Weder die Frage, wie weit das Problem (der Lösung der Integralgleichungen) ein bestimmtes sei, noch seine Klassifikation, da es doch an das Problem der Differenzengleichungen sich anszuschließen scheint, sind, soviel ich weiß, bis jetzt erörtert worden." In der Zeit von 1887 bis 1900, dem Jahre, in dem Prof. Erik Ivar Fredholm in Stockholm seine erste Abhandlung über Integralgleichungen veröffentlichte, wurde sehr viel auf diesem Gebiet von den Professoren Pincherle, Volterra und Levi-Civita gearbeitet.

3. Fredholms erste Arbeit[1]), die in erweiterter Form[2]) im Jahre 1903 erschien, verdankt ihre Entstehung der folgenden, von Poincaré gegebenen Darstellung der Neumannschen Lösungsmethode des Dirichletschen Problems:

Es sei S eine geschlossene ebene Kurve ohne Doppelpunkte. Es soll auf S eine doppelte Belegung vom Moment Φ so bestimmt werden, daß ihr Potential W der Gleichung genügt

$$\frac{1}{2}(W^+ - W^-) - \frac{\lambda}{2}(W^+ + W^-) = F, \tag{A}$$

---

*) „Bemerkungen über $\Delta z = \frac{\partial^2 z}{\partial x^2} + \frac{\partial^2 z}{\partial y^2} = 0$." (*Journal für die reine und angewandte Mathematik*, Bd. 103).

†) a. a. O. S. 228—229.

[1]) „Sur une nouvelle méthode pour la résolution du problème de Dirichlet" (*Öfversigt af Kongl. vet. akad. Forh. Stockholm*, 1900).

[2]) „Sur une classe d'équations fonctionelles" (*Acta Mathematica*, Bd. 27, 1903).

wo W^+ oder W^- die Grenzwerte von W sind, je nachdem man sich der Kurve von innen oder von außen nähert, und F der vorgeschriebene Grenzwert von W^+ ist.

Nun folgt aus der Potentialtheorie für jeden Punkt $x = x(s)$, $y = y(s)$ der Kurve:

$$W^+ = \pi \Phi(s) + \int_0^l \Phi(t) \frac{\partial}{\partial t} \left\{ \operatorname{tang}^{-1} \frac{y(t) - y(s)}{x(t) - x(s)} \right\} dt,$$

$$W^- = -\pi \Phi(s) + \int_0^l \Phi(t) \frac{\partial}{\partial t} \left\{ \operatorname{tang}^{-1} \frac{y(t) - y(s)}{x(t) - x(s)} \right\} dt,$$

wo l die Länge der Kurve und $\Phi(t)$ das Moment der Doppelschicht bedeuten. Setzen wir diese Werte in (A) ein, so erhalten wir eine Integralgleichung von dem von Fredholm behandelten Typus, nämlich

$$\Phi(s) - \lambda \int_a^b \Phi(t)\, K(s, t)\, dt = f(s). \tag{B}$$

Setzen wir

$$K(s, t) = \frac{1}{\pi} \frac{\partial}{\partial t} \left\{ \operatorname{tang}^{-1} \frac{y(t) - y(s)}{x(t) - x(s)} \right\},$$

$$f(s) = \frac{F(s)}{\pi}, \quad a = 0, \quad b = l, \quad \lambda = -1,$$

so erhält man die Lösung des Dirichletschen Problems aus der Lösung von (B).

4. Die von Neumann und Volterra gebrauchte Methode der Iteration liefert die Lösung von (B) in Form einer Potenzreihe von λ. Da diese Reihe nur für gewisse Werte von λ konvergiert, gab Fredholm eine viel bessere Methode an, die die Lösung als Verhältnis zweier Potenzreihen, die für alle Werte von λ konvergieren, liefert. Fredholms Methode besteht darin, die Gleichung (B) als den Grenzfall eines Systems einfacher simultaner algebraischer Gleichungen zu behandeln. Denn sei das Intervall (a, b) in n gleiche Teile eingeteilt, jeder von der Länge $\delta = \frac{b-a}{n}$ und sei

$$x_p = \Phi(s_p),$$

wo $s_p = a + p\delta$, $p = 0, 1, 2 \ldots n$,
so gibt (B):

$$x_p - \lambda \int_a^b K(s_p, t)\, \Phi(t)\, dt = f(s_p),$$

d. i.

$$x_p - \lambda \cdot \lim_{n=\infty} \left\{ \delta \cdot \sum_{q=1}^{q=n} x_q\, K(s_p, s_q) \right\} = f(s_p).$$

Lösen wir die $(n+1)$ Gleichungen

$$x_p - \delta\lambda \sum_{q=1}^{q=n} x_q K(s_p, s_q) = f(s_p)$$

nach den Unbekannten $x_0, x_1, \ldots x_n$, und gehen dann zur Grenze über, so erhalten wir:

$$\Phi(s) = f(s) + \lambda \int_a^b K(s, t, \lambda) f(t)\, dt \tag{C}$$

wo $K(s, t, \lambda) = \frac{D(s, t, \lambda)}{D(\lambda)}$; Zähler und Nenner sind Integralfunktionen von λ. Fredholm beweist, daß, wenn $D(\lambda)$ nicht gleich Null ist, (C) eine Lösung, und zwar die einzige Lösung von (B) ist, und daß in diesem Falle die homogene Gleichung

$$\Phi(s) = \lambda \int_a^b K(s, t)\, \Phi(t)\, dt \tag{D}$$

keine andere Lösung als 0 hat. Ist dagegen $D(\lambda) = 0$, so hat Fredholm bewiesen, daß (D) mindestens eine von 0 verschiedene Lösung hat.

5. Mit der Theorie der Integralgleichungen und besonders mit der homogenen Gleichung (D) ist der Name des Professors David Hilbert immer aufs engste verbunden. Rascher als irgendeiner seiner Zeitgenossen erfaßte er die Anwendungsmöglichkeiten der Integralgleichungen. In einer Reihe von 6 Arbeiten[3]), die er in der Zeit von 1904—1910 veröffentlichte, schuf er in den Integralgleichungen ein Werkzeug, das nützlicher und anwendungsfähiger war als die Differentialgleichungen. In seinen ersten beiden Abhandlungen, welche 1904 erschienen, leitet er zuerst Fredholms Resultate ab, indem er von dem Problem der orthogonalen Transformation von n Variabeln ausgeht und dann vorsichtig zur Grenze übergeht für $n = \infty$. Hier begründet er eine Theorie der Eigenwerte und der Eigenfunktionen für die Lösung der Randwertprobleme der Theorie der Differentialgleichungen. Betrachten wir z. B. ein reelles, sich selbst adjungiertes System der 2. Ordnung, nämlich

$$\frac{d}{ds}\left(k \frac{d\Phi}{ds}\right) + (\lambda - l)\Phi = 0 \tag{E}$$

mit Randwertbedingungen, die den Parameter λ nicht enthalten. Hilbert zeigte: a) daß das System der homogenen Gleichung (D) äquivalent ist, wo für den Kern $K(s, t)$ die Greensche Funktion für die Gleichung

$$\frac{d}{ds}\left(k \frac{d\Phi}{ds}\right) - l\Phi = 0$$

[3]) „Grundzüge einer allgemeinen Theorie der linearen Integralgleichungen" (*Nachrichten der Königlichen Gesellschaft der Wissenschaften zu Göttingen*).

zu setzen ist, b) daß der Kern symmetrisch ist in bezug auf s und t, c) daß demnach eine unendliche Anzahl von reellen Wurzeln von $D(\lambda) = 0$ existieren, d) daß zu jeder dieser Wurzeln, welche Eigenwerte des Kernes genannt werden, wenigstens eine Eigenfunktion Φ gehört, welche sowohl (D) als auch (E) befriedigt, e) daß alle diese Eigenfunktionen ein Orthogonalsystem bilden, und daß f) jede Funktion $g(s)$, die mit Hilfe einer stetigen Funktion $h(s)$ durch das Integral

$$g(s) = \int_a^b K(s, t)\, h(t)\, dt,$$

dargestellt werden kann, in eine absolut und gleichmäßig konvergente Reihe der Eigenfunktionen entwickelt werden kann, deren Koeffizienten sich nach der Fourier-Methode bestimmen. Die aufgezählten Resultate sind in verschiedener Hinsicht erweitert und verallgemeinert worden, durch Hilbert selbst in seiner fünften Abhandlung vom Jahre 1906, durch Professor Erhard Schmidt[4]) und durch viele andere Schüler Hilberts, darunter die Professoren Myller, Westfall, Hilb, Haar und Mason[5]) und durch die Professoren Kneser, Böcher, A. C. Dixon, Stekloff und Picard[6]).

6. Hilbert ist in gleicher Weise auf dem Gebiet der partiellen Differentialgleichungen erfolgreich gewesen. Das Resultat, das er in seiner zweiten Arbeit erhalten hat, daß nämlich die Lösung der Gleichung vom elliptischen Typus

$$\frac{\partial^2 \Phi}{\partial x^2} + \frac{\partial^2 \Phi}{\partial y^2} + a\frac{\partial \Phi}{\partial x} + b\frac{\partial \Phi}{\partial y} + c\Phi = f,$$

die am Rande verschwindet, ebenfalls Lösung ist der Integralgleichung

$$\Phi(x, y) + \frac{1}{2\pi}\int\!\!\int\left\{\frac{\partial(a\,G)}{\partial\xi} + \frac{\partial(b\,G)}{\partial\eta} - c\,G\right\}\Phi(\xi, \eta)\, d\xi\, d\eta$$

$$= -\frac{1}{2\pi}\int\!\!\int f(\xi, \eta)\; G(x, y; \xi, \eta)\, d\xi\, d\eta,$$

[4]) „Zur Theorie der linearen und nichtlinearen Integralgleichungen" (*Mathematische Annalen*, Bd. 63, 64, 65).

[5]) Siehe die Göttinger Dissertationen von Myller, Westfall und Haar, Hilbs Arbeiten in *Crelle's Journal*, Bd. 140 und *Math. Ann.*, Bd. 71, Haars Arbeit in d. *Math. Ann.*, Bd. 71 und Masons Arbeit in *Trans. Am. Soc.*, Bd. 7.

[6]) Siehe Knesers Buch: „Die Integralgleichungen und ihre Anwendungen in der mathematischen Physik", Böchers „Leçons sur les méthodes de Sturm". Dixons Arbeiten in *Phil. Trans.*, Bd. 211 (A) und *Proc. L.M.S.*, 2. Reihe, Bd. 7, Stekloffs Arbeiten in *Comptes Rendus*, Bd. 150, 151, und seine Abhandlung in den Berichten der Akademie der Wissenschaften in Petrograd von 1913, und Picards Arbeiten in *Ann. Ec. norm.* und *C. R.* aus d. Jahre 1910 und 1911.

wo G die Greensche Funktion der Gleichung

$$\frac{\partial^2 \Phi}{\partial x^2} + \frac{\partial^2 \Phi}{\partial y^2} = 0$$

ist, ist der Ausgangspunkt einer Reihe von Arbeiten von Prof. Leon Lichtenstein[7]), der Hilberts Resultate in verschiedener Hinsicht verallgemeinert hat, von den Professoren Sommerfeld und Carlslaw[8]), und vor allem von Professor H. Weyl[9]), dessen Resultate über die asymptotische Verteilung des Spektrums eines Körpers sicherlich als eine der Großtaten der Anwendung der Integralgleichungen angesprochen werden können. In seiner ersten Abhandlung sagt Weyl: „Methoden von solcher Allgemeinheit wie die Theorie der Integralgleichungen leisten, wenn man sie auf physikalische Probleme anwendet, vor allem, wenn ich nicht irre, das, was kein spezieller Ansatz zu leisten vermag: die einem großen Komplex von Erscheinungen gemeinsamen Züge ausfindig zu machen. In diesem Sinne habe ich mir in der vorliegenden Arbeit die Aufgabe gestellt, mit den Methoden der Integralgleichungstheorie folgenden Satz zu beweisen: Schwingungsvorgänge, deren Gesetzmäßigkeit sich in einer linearen Differentialgleichung vom Typus der gewöhnlichen Schwingungsgleichung ausspricht, besitzen, unabhängig von der geometrischen Gestalt und physikalischen Beschaffenheit der Räume, in denen sie sich abspielen, im Gebiet der hohen Schwingungszahlen alle wesentlich ein und dasselbe ‚Spektrum'." In seiner zweiten Arbeit dehnt Weyl die vorher erwähnten Resultate, die er für die Membran erhalten hat, auf elastische Schwingungen aus.

7. Hilberts dritte Arbeit, welche 1905 erschien, ist der Anwendung der Theorie der Integralgleichungen auf die Lösung der folgenden, zuerst von Riemann gestellten Aufgabe gewidmet: Es ist für ein gegebenes Gebiet eine reguläre analytische Funktion zu bestimmen, wenn gewisse Beziehungen zwischen dem reellen und dem imaginären Teil ihres Wertes am Rande vorgegeben werden. Hilberts Resultate wurden von einem seiner Schüler, dem Professor Hasemann[10]), verallgemeinert.

---

[7]) „Zur Theorie der linearen partiellen Differentialgleichungen zweiter Ordnung des elliptischen Typus" (*Math. Ann.*, Bd. 67). Vgl. auch seine Arbeiten in *Acta Math.*, Bd. 36, 1913, und *Math. Zeitschrift*, Bd. 3, 1919.

[8]) Vgl. Sommerfelds Arbeit im *Jahresbericht d. d. Math.-Vereinigung*, Bd. 21, 1913, und Carlslaws Arbeit in *Proc. L. M. S.*, Bd. 13, 1914.

[9]) „Das asymptotische Verteilungsgesetz der Eigenwerte linearer partieller Differentialgleichungen" (*Math. Ann.*, Bd. 71, 1912). Vgl. auch seine Arbeit in *Rendiconti C. M. P.*, Bd. 39, 1915.

[10]) „Anwendung der Theorie der Integralgleichungen auf einige Randwertaufgaben der Funktionentheorie" (*Math. Ann.*, Bd. 66, 1909). Vgl. auch seine Göttinger Dissertation vom Jahre 1907.

8. In seiner vierten, im Jahre 1906 veröffentlichten Arbeit transformiert Hilbert die beiden Fundamentalaufgaben der Theorie der Integralgleichungen, nämlich: Fredholms Theorie von (B) und seine eigene Theorie der Eigenwerte von (D) mit symmetrischem Kern, in Aufgaben mit unendlich vielen Variabeln. Mit Hilfe dieser Transformation behandelt Hilbert in seiner fünften Arbeit Integralgleichungen, die er polar nennt, und für die der Kern die Form

$$p(s)\,H(s,t)$$

hat.

An die vierte Abhandlung Hilberts reihen sich eine ganze Anzahl von interessanten Arbeiten von Hellinger, Toeplitz, Frechet, Stäckel, Friedrich Riesz, von Koch, Perron und Lichtenstein[11]), welche die Theorie von unendlich vielen Variabeln, die Theorie der unendlich vielen quadratischen Formen, die Theorie der linearen Gleichungen mit unendlich vielen Unbekannten und die Anwendungen dieser Theorien auf Integralgleichungen behandeln.

9. Hilberts sechste Arbeit handelt von Randwertaufgaben für ein simultanes System partieller Differentialgleichungen der ersten Ordnung vom elliptischen Typus, von einer neuen Methode, die Parametermethode genannt, um Differentialgleichungen in Integralgleichungen zu transformieren und umgekehrt, und von der Anwendung dieser Methode auf die allgemeinsten partiellen Differentialgleichungen der zweiten Ordnung vom elliptischen Typus, und schließt mit Anwendungen der Integralgleichungen auf Minkowskis Theorie des Inhalts und der Oberfläche, auf eine Aufgabe der Theorie der automorphen Funktionen und zuletzt auf eine zweiparametrige Randwertaufgabe, die eng mit dem Kleinschen Oszillationsproblem verknüpft ist.

10. Für Integralgleichungen vom Typus

$$f(s) = \int_a^b K(s,\ t)\,\Phi(t)\,dt \tag{F}$$

verdanken wir Hilbert das Resultat: Ist $K(s, t)$ die Greensche Funktion, die zu gewissen Randwertbedingungen für eine sich selbst adjungierte lineare Differentialgleichung der zweiten Ordnung gehört, und befriedigt $f(s)$ dieselben Randwertbedingungen und besitzt eine stetige zweite Ab-

[11]) Vgl. Hellingers Arbeit in *C.J.*, Bd. 136, die gemeinsamen Arbeiten von Hellinger und Toeplitz in *C. J.*, Bd. 144, und *Math. Ann.*, Bd. 69, Frechets Pariser Arbeit aus d. Jahre 1910, Stäckels Arbeit in *Acta Math.*, Bd. 37, 1914. Riesz' Abhandlung in d. *Göttinger Nachrichten*, 1910, von Kochs Arbeiten in *Rendiconti C. M. P.*, Bd. 28 und *Math. Ann.*, Bd. 69, Perrons Arbeit in *Acta Math.*, Bd. 37, und Lichtensteins Arbeit in *Rendiconti C. M. P.*, Bd. 38.

leitung, so erhält man Φ aus f durch Anwendung des Operators der gegebenen Differentialgleichung. Es ist wohlbekannt, daß (F) im allgemeinen nicht lösbar ist. In der Tat hat Professor Bateman in einer in Göttingen im Jahre 1906 unter Hilberts Einfluß entstandenen Arbeit[12]) bewiesen, daß, damit (F) eine Lösung habe, es notwendig ist, daß $f(s)$ in eine absolut und gleichförmig konvergente Reihe der Eigenfunktionen, die zu $K(s, t)$ gehören, entwickelbar sei. Unter den übrigen Bearbeitern von (F) befinden sich die Professoren Lalesco, Lauricella und Picard[13]). Der letztere hat das elegante Resultat gefunden, daß die notwendige und hinreichende Bedingung für die Existenz einer Lösung von (F) die Konvergenz der Reihe $\Sigma \lambda_n^2 a_n^2$ ist, wo a_n den Fourierkoeffizienten von $f(s)$ bezeichnet in bezug auf $\psi_n(s)$, wenn ψ_n die Lösung ist von

$$\psi_n(s) = \lambda_n \int_a^b K(s, t)\, \psi_n(t)\, dt.$$

11. Professor Vito Volterra hat in einer Reihe von Abhandlungen[14]), die in den Jahren 1909—1914 erschienen, eine Theorie der Integrodifferentialgleichungen aufgestellt, das sind Gleichungen, die nicht nur die unbekannten Funktionen unter dem Integralzeichen, sondern auch die unbekannten Funktionen selbst und ihre Ableitungen enthalten. Eine der einfachsten Integrodifferentialgleichungen hat die Gestalt

$$x \frac{\partial V(x, y)}{\partial x} + \lambda V(x, y) + \int_0^y S(\xi, y)\, V(\xi, y)\, d\xi = f(x, y),$$

wo S und f bekannte Funktionen sind, λ eine Konstante und V bestimmt werden soll. Volterra hat die Integrodifferentialgleichungen angewandt auf die Mechanik der Hysterese, d. i. die elastische Nachwirkung.

Unter den übrigen Forschern, die zu dem Studium der Integrodifferentialgleichungen mit beigetragen haben, mögen erwähnt werden die Professoren P. Lévy, Andreoli, Crudeli, Evans, Fubini, Horn, Pérés, Schlesinger, Sinigallia und Zeilon[15]).

---

[12]) „The inversion of a definite integral" (*Math. Ann.*, Bd. 63).

[13]) Vgl. Lalescos Arbeit in *Journal de Math.* von 1908, Lauricellas Arbeiten in *Rendiconti Ac. Lincei* von 1908, 1909 und 1910, und Picards Arbeit in *Rendiconti C. M. P.*, Bd. 29.

[14]) Vgl. *Rendiconti Ac. Lincei* von 1909—1914 und die Abhandlung „Sur les équationes intégro-différentielles et leurs applications" (*Acta Math.*, Bd. 35, 1912).

[15]) Vgl. Lévys Pariser Arbeit aus dem Jahre 1911, Andreolis Arbeiten in *Rendiconti A. L.* von 1913 und 1914, Crudelis Arbeiten in *Rendiconti A. L.* von 1909 und 1910, Evans Arbeiten in *Trans. Am. Soc.*, Bd. 15, Fubinis Arbeit in *Annali di Matematica* von 1913, Horns Abhandlung im *Jahresbericht d. d. M.-V.*, Bd. 23, 1914, Pérés Arbeit in *Rendiconti C. M. P.*, Bd. 39, Schlesingers Arbeit im *Jahresbericht d. d. M.-V.*, Bd. 24, Sinigallias Arbeiten in *Rend. 1 st. Lomb.* von 1911 und *Rend. A. L.* von 1915, und Zeilons Arbeit in *Rend. A. L.* von 1915.

12. Unter den wichtigen Resultaten, über die in den vorangegangenen Abschnitten nicht berichtet worden ist, mögen noch erwähnt werden a) die von Professor Andreoli[16]) über Gleichungen von der Form

$$\Phi(s) - \lambda \int_0^{g(s)} K(s, t)\, \Phi(t)\, dt = f(s),$$

wo $g(s)$ eine gegebene Funktion von s ist, b) Professor Whittakers[17]) interessante Entdeckung, daß die elliptischen Zylinderfunktionen Lösungen der Gleichung

$$\Phi(s) = \lambda \int_{-\pi}^{\pi} e^{ik \sin t \sin s}\, \Phi(t)\, dt$$

sind, und daß die Lamesche Funktion $E_n^m(s)$ eine Lösung ist von

$$\Phi(s) = \lambda \int_{-2K}^{2K} P_n(k \operatorname{sn} t \operatorname{sn} s)\, \Phi(t)\, dt,$$

c) Professor Villats[18]) Resultate über Integralgleichungen von der Form

$$A(s)\, \Phi(s) + \int_a^b \{\Phi(s) - \Phi(t)\}\, K(s, t)\, dt = f(s),$$

wo A und f bekannte Funktionen und Φ unbekannt ist, d) die Anwendungen auf die mathematische Physik durch die Professoren Picard, Hadamard, Korn, Boggio, E. E. Levi, Poincaré und Lauricella[19]) und e) die von Professor Hobson[20]) erhaltenen Resultate über die Gleichung (B), in der er $f(s)$ und $K(s, t)$ einen weiteren Bereich als wie gewöhnlich gegeben hat.

II. Die Grundlagen der mathematischen Physik.

13. Zu Beginn des gegenwärtigen Jahrhunderts erhielt die Erforschung der Grundlagen der mathematischen Physik einen neuen Anstoß durch zwei Ankündigungen, von denen die eine sich auf den Beneke-Preis für das Jahr 1901, die andere auf den Adams-Preis für das Jahr 1903 bezog. Im März 1898 stellte die philosophische Fakultät der Universität Göttingen

---

[16]) *Rendiconti C. M. P.*, Bd. 37.

[17]) *Proc. Congr. Cambridge*, 1912, und *Proc. L. M. S.*, 2. Reihe, Bd. 14.

[18]) *Acta Math.*, Bd. 40.

[19]) Vgl. Picards Arbeiten in *Rendiconti C. M. P.*, Bd. 22 und 37, Hadamards Preisschrift aus dem Jahre 1908, Korns Abhandlung in *C. R.*, 1907, Boggios Arbeiten in *Rend. A. L.* von 1907 und 1908, Levis Abhandlung in *Atti Ac. Torino* von 1908, Poincarés Arbeit in *Rendiconti C. M. P.*, Bd. 29 und seine „Sechs Vorträge über ausgewählte Gegenstände aus der reinen Mathematik und mathematischen Physik“, und Lauricellas Arbeiten in *Rend. A. L.* von 1906, 1907, 1908, 1910, *Nuovo Cimento* von 1907 und *Ann. di Mat.* von 1907.

[20]) *Proc. L. M. S.*, 2. Reihe, Bd. 13 und 14.

die Aufgabe für die Benekesche Preisstiftung für 1901 in der folgenden Form: „Als allgemein geltende Grundlage für die mathematische Behandlung der Naturerscheinungen ist lange Zeit hindurch das Prinzip der Stetigkeit oder noch spezieller die Darstellung durch unbeschränkt differentierbare Funktionen angesehen worden. Diese Grundlage wurde von den Erfindern der Differential- und Integralrechnung als etwas Selbstverständliches eingeführt; die Fortschritte der mathematischen Forschung haben aber je länger je mehr gezeigt, daß dabei eine sehr große Zahl stillschweigender Voraussetzungen zugrunde lag, zu denen man bei der immer vorhandenen Ungenauigkeit unserer sinnlichen Wahrnehmungen keineswegs gezwungen ist. Auch tritt mit dem genannten Ansatze die Annahme der molekularen Konstitution der Materie von vornherein in Widerspruch. Die Fakultät wünscht eine von aktuellem wissenschaftlichen Interesse getragene Schrift, welche die hier in Betracht kommenden Fragen in allgemeinverständlicher Weise darlegt und die Zulässigkeit bzw. Zweckmäßigkeit der üblichen Darstellung einer eingehenden Prüfung unterwirft. Die Schrift kann mehr nach mathematischer oder philosophischer und psychologischer Seite ausholen; historische Studien sind erwünscht, werden aber nicht verlangt." Im März 1901 stellte die Universität Cambridge die Aufgabe für den Adams-Preis für 1903 in der folgenden Form: „Es soll der Einfluß der neueren Fortschritte in der Theorie der Darstellung einer diskontinuierlichen Größe auf die mathematische Physik untersucht werden, unter besonderer Berücksichtigung der logischen Grenzen der angewandten Methoden. Im Jahre 1847 veröffentlichte Sir George Stokes seine klassische Abhandlung über das Fouriersche Theorem und seine Anwendungen in der Physik. Seit jener Zeit sind mehrfache Fortschritte in der Darstellung einer stetigen Größe durch Reihen gemacht worden, aber sie bezogen sich hauptsächlich auf die Darstellung einer rein mathematischen Größe. Es wird gewünscht, diese Fortschritte unter physikalischen Gesichtspunkten in Betracht zu ziehen. So ist es z. B. eine Frage, inwieweit die neueren Forschungen auf diesem Gebiet einen Einfluß haben auf die Gültigkeit der Anwendung der stetigen Differentialanalysis auf eine Materie, von der angenommen wird, daß sie letzten Endes diskret oder molekularer Struktur ist."

14. Obwohl keiner der beiden Preise verliehen worden ist, hat ihre Ankündigung direkt oder indirekt zu einer großen Anzahl von Untersuchungen geführt. Einige dieser Forschungen wurden gefördert durch die klare Auseinandersetzung über die gestellte Aufgabe durch Professor Felix Klein[21]) in dem Gutachten, welches er 1901 über die Beneke-Preisaufgabe veröffentlichte.

[21]) „Gutachten der Göttinger philosophischen Fakultät betreffend die Beneke-Preisaufgabe für 1901" (*Göttinger Nachrichten* 1901; *Math. Ann.*, Bd. 55).

15. Zeitlich die erste der vorhin erwähnten Untersuchungen ist die in Prof. Ganesh Prasads Abhandlung[22]) enthaltene, die durch Prof. Felix Klein der Königl. Gesellschaft der Wissenschaften zu Göttingen im Juli 1903 vorgelegt wurde, und die im September 1903 in den Abhandlungen dieser Gesellschaft erschien. Die von Fourier begründete Theorie der Wärmeleitung ist durch eine Reihe von Bearbeitern von Poisson bis Poincaré mit kaum einer Änderung überliefert worden. Es scheint, daß während des letzten Jahrhunderts durch die analytischen Schwierigkeiten, die spezielle Probleme boten, die Aufmerksamkeit der Mathematiker von den logischen Grundlagen der Theorie abgelenkt wurde. Prasad untersucht diese Grundlagen in seiner Abhandlung sorgfältig und erschöpfend. Er stellt drei Theorien auf, nämlich 1. eine Theorie, die den festen Körper als ein Kontinuum mit denselben Eigenschaften in allen seinen Punkten behandelt, 2. eine Theorie, die auf einer molekularen Anschauung beruht; aber Prasad behandelt, anders als Maxwell und Boltzmann, ein Molekül nicht als einen Punkt, sondern als etwas Endliches und kommt, indem er bestimmte Voraussetzungen über Größe, Gestalt und Schwingungen der Moleküle macht, zu Resultaten, die offensichtlich ungenau sind, wobei der Betrag des Fehlers abgeschätzt werden kann, und 3. eine Theorie, die sich auf der Vorstellung der Materie als bewegtem Äther aufbaut. Prasad weist darauf hin, daß Fouriers Theorie, die von derselben Art wie seine erste Theorie ist, sicherlich fehlerhaft ist. Die Hauptzüge der Fourierschen Theorie, wie sie von Prasad umgebildet worden ist, können etwa folgendermaßen gekennzeichnet werden: — Die Gleichung des physikalischen Vorgangs ist nicht eine partielle Differentialgleichung, sondern eine partielle Integralgleichung, und es tritt der einfache Grundsatz hervor, daß es auf die physikalische Stetigkeit und nicht auf die Stetigkeit der Form eines analytischen Ausdrucks ankommt. Betrachtet man das Problem der linearen Wärmeleitung in einer von undurchdringlichen Flächen $x = -\pi$, $x = \pi$ begrenzten Platte, und bezeichnet $T(x, t)$ die Temperatur, so tritt die partielle Integralgleichung

$$\int_{-\pi}^{x} \{ T(x', t) - T(x', 0) \} \, dx' = \int_{0}^{t} \frac{\partial T(x, t')}{\partial x} \, dt', \quad (-\pi < x < \pi),$$

an die Stelle der Fourierschen partiellen Differentialgleichung

$$\frac{\partial T}{\partial t} = \frac{\partial^2 T}{\partial x^2}, \quad (-\pi \leq x \leq \pi, \quad t \geq 0);$$

[22]) „Constitution of matter and analytical theories of heat" (*Abhandlungen der Königlichen Gesellschaft der Wissenschaften zu Göttingen*, Mathematisch-Physikalische Klasse, Neue Folge, Bd. II, Nr. 4).

wieder wird darauf hingewiesen, daß $T(x, 0)$ nicht aus dem analytischen Ausdruck hervorzugehen braucht, welcher $T(x, t)$ für $t = 0$ darstellt, indem man einfach t in diesem Ausdruck $= 0$ setzt. Sei z. B. die Anfangstemperatur $f(x)$ eine Funktion von x, und sei $T(x, t) = V(x, t)$, wenn $t > 0$,

$$V(x, t) = \frac{1}{2} a_0 + \sum_1^\infty a_n e^{-n^2 t} \cos n x ,$$

wo die a die Fourierkoeffizienten von $f(x)$ sind.

Dann hat die Konvergenz der Fourierreihe

$$\frac{1}{2} a_0 + \sum_1^\infty a_n \cos n x$$

in der abgeänderten Theorie keinen Platz. Andrerseits folgt die Stetigkeit von $T(x, t)$, d. h. die Übereinstimmung von $\lim\limits_{t=+0} V(x, t)$ mit $f(x)$ sofort aus der Stetigkeit von $f(x)$; und die einzige Einschränkung, die man $f(x)$ auferlegen muß, damit $V(x, t)$ die Lösung ist, ist die folgende: Innerhalb des Intervalls $(-\pi, \pi)$ muß für jeden Wert von x die obere Grenze von $\left|\frac{\partial V}{\partial x}\right|$ in der Nachbarschaft von $t = 0$ endlich sein. Prasad weist die Begrenztheit der Fourierschen Theorie nach, indem er zeigt, daß diese Theorie nur dann einen Sinn hat, wenn $\frac{d^2 f}{dx^2}$ existiert und für jeden Wert von x in dem Intervall $(-\pi, \pi)$ endlich ist. So z. B. versagt die Fouriersche Theorie in dem einfachen Falle, wenn

$$f(x) = x = \frac{\pi}{2} - \frac{4}{\pi} \sum_1^\infty \frac{\cos(2n-1)x}{(2n-1)^2}$$

ist, weil für $t = 0$ und $x = 0$ $\quad \frac{\partial T}{\partial t} = \infty$, während $\frac{\partial^2 T}{\partial x^2}$ nicht existiert.

16. Der nächste Zweig der mathematischen Physik, dessen logische Grundlagen mit Erfolg untersucht wurden, ist die Theorie des Potentials, sowohl des Gravitations-, als auch des elektrischen oder magnetischen Potentials. Im Mittelpunkt dieser Theorie steht die Greensche Formel

$$V(x, y, z) = \int \varrho \frac{dv}{r} + \frac{1}{4\pi} \int \left\{ \frac{1}{r} \frac{\partial V}{\partial n} - V \frac{\partial}{\partial n}\left(\frac{1}{r}\right) \right\} dS ,$$

und die anderen wichtigen Formeln sind:

die Poissonsche Gleichung: $\frac{\partial^2 V}{\partial x^2} + \frac{\partial^2 V}{\partial y^2} + \frac{\partial^2 V}{\partial z^2} = -4\pi\varrho$,

die Coulomb-Poissonsche Gleichung: $\frac{\partial V}{\partial n_1} + \frac{\partial V}{\partial n_2} = -4\pi\sigma$

und die Helmholtzsche Gleichung: $W^+ - W^- = -4\pi\sigma$.

Eine große Anzahl von Mathematikern hat während des letzten Jahrhunderts erfolgreiche Versuche gemacht, die Bedingungen der Gültigkeit dieser Formeln zu erforschen. Aber wenn hierin ein gewisser Abschluß erreicht worden ist, so ist dies hauptsächlich den Untersuchungen der Professoren H. Petrini, G. Prasad und C. W. Oseen zu verdanken.

17. Die Resultate Petrinis sind in zwei umfangreichen Abhandlungen[23]) niedergelegt, von denen er eine in den *Acta Mathematica* von 1908 und die andere in *Liouvilles Journal* von 1909 veröffentlichte, und in einer Reihe von kürzeren Arbeiten[24]), die in der Zeit von 1912 bis 1916 erschienen. Das wichtigste Resultat Petrinis bezieht sich auf die Bedingung, die ϱ erfüllen muß, damit die Poisson'sche Gleichung gilt, nämlich: Ist

$$\xi = x + r\cos\Theta, \quad \eta = y + r\sin\Theta\cos\Phi, \quad \zeta = z + r\sin\Theta\sin\Phi,$$

$$\cos\Theta = \mu, \quad dv = d\xi\, d\eta\, d\zeta, \quad 0 < h < a,$$

wo a eine beliebig kleine Größe ist, dann besitzt das Integral

$$V = \int \frac{\varrho(\xi, \eta, \zeta)\, dv}{r},$$

genommen über den von der Oberfläche S begrenzten Raum Ω, in dem Punkte (x, y, z) einen bestimmten Differentialquotienten $\frac{\partial^2 V}{\partial x^2}$, wenn

$$\operatorname*{Lim}_{h=0}\left[\int_0^{2\pi} d\Phi \int_{-1}^{1} (3\mu^2 - 1)\, d\mu \int_h^a \frac{\varrho\, dr}{r}\right]$$

existiert und endlich ist, mit ähnlichen Bedingungen für $\frac{\partial^2 V}{\partial y^2}$ und $\frac{\partial^2 V}{\partial z^2}$. Ist dann noch die Zusatzbedingung erfüllt, daß ϱ stetig ist, so gilt die Poissonsche Gleichung. Sowohl Petrinis Aussage in der Einleitung zu seiner ersten Abhandlung und deren Wiederholung von Prof. Wangerin in seinem Bericht[25]) darüber, jener Versuch der Abhandlung, die notwendige und hinreichende Bedingung für die Existenz der ersten und zweiten Ableitungen von V allein aus der Voraussetzung zu finden, daß ϱ endlich ist, als auch Petrinis Verallgemeinerung der Poissonschen Gleichung, die gelten soll, auch wenn die zweiten Ableitungen von V nicht existieren, wurden von Prasad in einer Reihe von

---

[23]) „Les dérivées premières et secondes du potentiel" (*Acta Mathematica*, Bd. 31, S. 127—332); „Les dérivées premières et secondes du potentiel logarithmique" (*Liouvilles Journal*, 6. Reihe, Bd. 5, S. 127—223).

[24]) Vgl. für diese Arbeiten *Arkiv för Matematik, Astronomi och Fysik*, Bd. 8, Nr. 24; Bd. 9, Nr. 17; Bd. 12, Nr. 8.

[25]) Vgl. *Fortschritte der Mathematik*, Bd. 39, S. 819—823.

drei Arbeiten[26]), die er in den Jahren 1916—1918 veröffentlichte, verworfen. Durch einfache Beispiele, wie

$$\varrho = \cos\left(\log \frac{1}{r}\right), \quad \varrho = \cos \log \frac{1}{r\mu},$$

für die nicht alle Derivierten $\frac{\partial^2 V}{\partial x^2}, \frac{\partial^2 V}{\partial y^2}, \frac{\partial^2 V}{\partial z^2}$ existieren oder Petrinis Verallgemeinerung gilt, weist Prasad die Ungültigkeit der Petrinischen Forderung nach. Prasads Ziel war es, die Arbeit Petrinis durch die Betrachtung des Falles, daß ϱ eine Unstetigkeitsstelle zweiter Art hat, zu vervollständigen, und hierin gelangte er zum Ziele durch eine eigene Methode, die auf Du Bois-Reymonds Infinitärkalkül aufgebaut ist. In einer anderen Reihe von vier Arbeiten[27]), die in der Zeit von 1917—1920 erschienen, hat Prasad Petrinis Resultate über die Flächenbelegung einer Kritik unterzogen.

18. Der Beitrag, den Prof. Oseen zur Potentialtheorie geliefert hat, ist bemerkenswert, wenn er auch nur eine einzige im Jahre 1913 veröffentlichte Arbeit ausmacht[28]). Oseen zeigt, wie einfach die Theorie wird, wenn man die Einführung der zweiten Ableitung des Potentials vermeidet, indem man für die Poissonsche Gleichung die Gleichung

$$\int \frac{\partial V}{\partial n}\, dS = -4\pi \int \varrho\, dv$$

setzt, wo ϱ endlich und integrierbar, und V mit seinen ersten Ableitungen als stetig im ganzen Gebiet Ω vorausgesetzt wird. Oseen leitet die Greensche Formel durch Anwendung des folgenden von ihm bewiesenen Satzes ab:

Sind $\Phi(P)$ und $\psi(P)$ zwei Funktionen eines Punktes P in Ω, von denen jede mit ihren ersten Ableitungen stetig ist, ist $\varrho(P)$ eine Funktion, die

---

[26]) „On the second derivates of the Newtonian potential due to a volume distribution having a discontinuity of the second kind" (*Bulletin of the Calcutta Mathematical Society*, Bd. 9, 1916), „On the failure of Poisson's equation for certain volume distributions" (*Philosophical Magazine*, Bd. 34, 1917), „On the failure of Poisson's equation and of Petrini's generalization" (*Bull. Cal. M. S.*, Bd. 8, 1918).

[27]) „On the Newtonian potential due to a surface distribution having a discontinuity of the second kind" (*Rendiconti C. M. P.*, Bd. 42, 1917), „On a peculiarity of the normal component of the attraction due to certain surface distributions" (*Phil. Mag.*, Bd. 36, 1918), „On the normal derivate of the Newtonian potential due to a surface distribution having a discontinuity of the second kind" (*Bull. Cal. M. S.*, Bd. 9, 1919), „On the potential of a double layer whose strength has a discontinuity of the second kind" (*Proceedings of the Benares Mathematical Society*, Bd. 2, 1920).

[28]) „Über einen Satz von Green und über die Definitionen von rot und div" (*Rendiconti C. M. P.*, Bd. 38).

endlich und integrierbar in Ω ist, und gilt für jede geschlossene Fläche S in Ω die Gleichung

$$\int \frac{\partial \Phi}{\partial n} dS = -4\pi \int \varrho\, dv,$$

wo die Integrale über die Oberfläche bzw. das von ihr eingeschlossene Volumen zu erstrecken sind, so gilt ebenfalls für jede geschlossene Fläche S in Ω die Gleichung

$$\int (\operatorname{grad} \Phi \times \operatorname{grad} \psi)\, dv - \int \psi \frac{\partial \Phi}{\partial n} dS = 4\pi \int \psi \varrho\, dv.$$

19. Prof. Oseen hat auch die logischen Grundlagen der Hydrodynamik näher untersucht. Seine Resultate wurden zuerst in einer Arbeit[29]), die im Jahre 1910 der Königlichen Schwedischen Akademie der Wissenschaften vorlag, und in einer Rede[30]) vor dem zweiten Skandinavischen Mathematikerkongreß in Kopenhagen im Jahre 1911 veröffentlicht. Oseen sagt: „Die Differentialgleichungen Naviers können in Integralgleichungen verwandelt werden, in denen die Differentialquotienten

$$\frac{\partial u}{\partial t}, \quad \frac{\partial v}{\partial t}, \quad \frac{\partial w}{\partial t}, \quad \frac{\partial^2 u}{\partial x^2}, \quad \frac{\partial^2 u}{\partial y^2} \quad \text{etc}\ldots, \quad \frac{\partial p}{\partial x}, \quad \frac{\partial p}{\partial y}, \quad \frac{\partial p}{\partial z}$$

nicht vorkommen. In der Tat läßt sich zeigen, daß die Integralgleichungen Systeme von Lösungen haben, für welche diese Differentialquotienten überhaupt nicht existieren. Und man muß sich dann fragen, ob diese Lösungen von Integralgleichungen, die nicht gleichzeitig Lösungen der Differentialgleichungen sind, nur eine mathematische Bedeutung besitzen, oder ob einigen unter ihnen auch eine physikalische Bedeutung zukommt. Ich stelle mir hier die Aufgabe, zu zeigen, daß letzteres der Fall ist, und daß also nicht die Navierschen Differentialgleichungen, sondern die Integralgleichungen als der adäquate Ausdruck der physikalischen Hypothese zu betrachten sind, welche der Theorie der Bewegung einer reibenden Flüssigkeit zugrunde liegen." Oseen geht aus von der Übertragung des Newtonschen Prinzips, der Beziehung zwischen der Änderung des Moments und der Kraft, von der Gleichung:

$$\begin{aligned}\varrho \iiint (u_{t+\Delta t} - u_t)\, dx\, dy\, dz \\ = \varrho \int_t^{t+\Delta t} d\tau \iiint \left\{ X - \left(u \frac{\partial u}{\partial x} + v \frac{\partial u}{\partial y} + w \frac{\partial u}{\partial z} \right) \right\}_{t=\tau} dx\, dy\, dz \\ - \int_t^{t+\Delta t} d\tau \int (P_x \cos n x + P_y \cos n y + P_z \cos n z)\, dS\end{aligned}$$

---

[29]) „Über die Bedeutung der Integralgleichungen in der Theorie der Bewegung einer reibenden, unzusammendrückbaren Flüssigkeit" (*Arkiv f. Mat., Astro. och Fysik*, Bd. 6, 1910).

[30]) „Om Integralekvationernas betydelse för hydrodynemiken" (*Beretning om den anden Skandinaviske Matematikerkongres i Kjobenhavn*, 1911).

mit zwei ähnlichen Gleichungen für v und w. Hierbei sind die Volumen- und Oberflächenintegrale zu erstrecken über das von einer Fläche S eingeschlossene Volumen bzw. über S selbst. Dann leitet Oseen die Integralgleichungen der Bewegung direkt ohne Vermittlung der Navierschen Differentialgleichungen ab. Diese Ableitung verdient aus zwei Gesichtspunkten Interesse. „Erstens gewinnt hierdurch die Theorie offenbar an Allgemeinheit, und zweitens gewinnt sie sehr viel an Einfachheit. Um das einzusehen, braucht man nur zu beachten, wie kompliziert die Betrachtungen sind, die man braucht, um zu entscheiden, unter welchen Umständen die Potentialfunktionen Differentialquotienten der zweiten Ordnung besitzen. Diese Fragen und andere ähnliche drängen sich in der Hydrodynamik auf, wenn man von den Navierschen Differentialgleichungen ausgeht. Wenn man dagegen direkt die Integralgleichungen der Hydrodynamik ansetzt, verlieren diese Fragen für die Hydrodynamik ihre Bedeutung.“

20. Während der Jahre 1912—1914 veröffentlichte Prof. Hilbert eine Reihe aufsehenerregender Arbeiten[31]) über die logischen Grundlagen der kinetischen Gastheorie und der elementaren Strahlungstheorie. In seiner ersten Arbeit, die mit dem letzten Kapitel seines Buches über Integralgleichungen übereinstimmt, prüft Hilbert die Untersuchungen von Prof. H. A. Lorentz über die kinetische Gastheorie und zeigt, daß es eine lineare Integralgleichung zweiter Art mit symmetrischem Kern ist, die die mathematische Grundlage jener Theorie bildet, so daß eine systematische Begründung der Gastheorie unmöglich ist, ohne jene Gleichung nach den modernen Methoden der Theorie der Integralgleichungen genau zu studieren. Ausgehend von der Stoßformel Maxwells und Boltzmanns, baut Hilbert eine systematische Theorie so auf, daß nur eine logische Ausführung der durch seine Methode vorgeschriebenen mathematischen Operationen notwendig ist, um den Beweis des zweiten Hauptsatzes der Thermodynamik und Boltzmanns Ausdruck für die Entropie des Gases zu erhalten. Die anderen Arbeiten beziehen sich auf die elementare Strahlungstheorie. Hilbert behauptet, daß jeder der früheren Beweise des Kirchhoffschen Gesetzes über die Beziehung zwischen Emission und Absorption ungültig ist, und daß ein Beweis ohne Anwendung einer linearen homogenen Integralgleichung mit symmetrischem Kern unmöglich ist. Ist z. B. die Geschwindigkeit des Lichtes im ganzen betrachteten Gebiet dieselbe, so wird die fundamentale Integral-

[31]) „Begründung der kinetischen Gastheorie“ (*Math. Ann.*, Bd. 72, 1912); „Begründung der elementaren Strahlungstheorie (*Jahresbericht d. d. Math.-Vereinigung*, Bd. 22, 1913); „Bemerkungen zur Begründung einer elementaren Strahlungstheorie“ (*Göttinger Nachrichten* von 1913) und zwei andere Arbeiten über denselben Gegenstand in den *Gött. Nachr.* von 1914.

gleichung, die es Hilbert ermöglicht, einen strengen Beweis zu geben, die folgende:

$$\eta = \frac{\alpha}{4\pi}\iiint K\,\eta(x_1, y_1, z_1)\,dx_1, dy_1, dz_1,$$

wo η und α die Emissions- bzw. Absorptionskoeffizienten in (x, y, z) sind, $K = \frac{e^{-A}}{r^2}$, $A = \left|\int_P^{P_1} \alpha\, ds\right|$ und r die Entfernung PP_1 zwischen (x, y, z) und (x_1, y_1, z_1), und wo das dreifache Integral über den ganzen von Materie erfüllten Raum zu erstrecken ist.

III. Verallgemeinerung des Begriffes der konvergenten Reihen.

21. Obwohl unendliche Reihen schon im 17. Jahrhundert eingeführt und im 18. Jahrhundert allgemein angewandt wurden, würde man doch eine klare Definition des Begriffes der Konvergenz vergeblich in den Schriften der Mathematiker, angefangen bei Newton und Leibniz bis zu Euler und Lagrange herab, suchen. Die unvorsichtige Anwendung von divergenten Reihen führte viele bedeutende Mathematiker zu groben Irrtümern. So glaubte z. B. Euler, daß

$$\sum_{n=0}^{\infty}\frac{1}{x^n} + \sum_{n=1}^{\infty} x^n = 0,$$

und die von ihm 1744 aufgestellte Behauptung, daß 0 entwickelbar sei in der Form

$$0 = \frac{1}{2} + \sum_{n=1}^{\infty} \cos n\,x,$$

wurde sogar von Poisson bis 1825 aufrecht erhalten. Der erste, der klar das Kennzeichen einer konvergenten Reihe angegeben hat, war Bolzano, und die von ihm im Jahre 1817 gegebene Definition wurde von Cauchy und Abel übernommen. Den beiden letzteren kommt das Verdienst zu, klar und nachhaltig den Gebrauch von divergenten Reihen verurteilt zu haben. In einer klassischen Abhandlung*), die dadurch berühmt wurde, daß sie den ersten strengen und vollständigen Beweis des Binomialsatzes enthält, sagt Abel: „Ein anderes Verfahren, welches man häufig in der Analysis antrifft, und das nur zu oft auf Widersprüche führt, ist der Gebrauch von divergierenden Reihen zur Berechnung numerischer Werte

---

*) „Untersuchungen über die Reihe $1 + \frac{m}{1}x + \frac{m(m-1)}{1.2}x^2 + \ldots$" (*C. J.*, Bd. I, 1826).

von Reihen. Eine divergierende Reihe kann nie einer bestimmten Größe gleich sein; sie ist bloß ein Ausdruck mit gewissen Eigenschaften, die sich auf die Operationen beziehen, denen die Reihe unterworfen ist. Die divergierenden Reihen können zuweilen mit Nutzen als Symbole dienen, diese oder jene Sätze kürzer auszudrücken; aber man darf sie nie an die Stelle bestimmter Größen setzen. Tut man es, so kann man beweisen, was man will: Unmögliches sowohl als Mögliches.“ Dank dem Einfluß der Arbeiten von Cauchy und Abel kam die Anwendung von divergenten Reihen, mit der möglichen Ausnahme der asymptotischen Reihen, in den der Veröffentlichung von Abels Abhandlung folgenden 50 Jahren in Verruf, obwohl diese Ablehnung nicht ohne starken Widerspruch von seiten einiger englischer Mathematiker blieb, deren Ansichten in den Werken ihres Hauptvertreters, De Morgan*) zusammengefaßt werden können: „Das Motto, das ich gegen eine Richtung setzen möchte, die mir dazu erfunden zu sein scheint, den Fortschritt in der Entdeckung aufzuhalten, liegt in zwei Worten und einem Zeichen — denkt an $\sqrt{-1}$.“ So seltsam es auch erscheinen mag, so ist es doch Tatsache, daß die neuere und strenge Theorie der divergenten Reihen direkt oder indirekt ihre Existenz Cauchys Untersuchungen über asymptotische Reihen und Abels Untersuchungen über Reihen verdankt, insbesondere das berühmte Stetigkeitstheorem Abels, daß, wenn $\sum_0^\infty a_n$ konvergent ist

$$\lim_{x=1} \sum_0^\infty a_n x^n = \sum_0^\infty a_n,$$

die Umkehrung dieses Satzes, und die Aufgabe, den $\lim_{x=1} f(x)$ zu finden, wenn man weiß, daß die a die Eigenschaft haben, daß, für jeden positiven Wert von x kleiner als 1,

$$f(x) = \sum_0^\infty a_n x^n$$

konvergent ist.

Beim Aufbau der Theorie der divergenten Reihen bot sich von selbst die Fundamentalaufgabe, den Begriff der konvergenten Reihe zu verallgemeinern, mit anderen Worten: einer Reihe, die nach der gewöhnlichen Definition der Konvergenz divergiert, eine Zahl so zuzuschreiben, daß die Substitution dieser Zahl für die Reihe in allen Beziehungen, in denen die Reihe auftreten kann, Resultate gibt, die immer genau richtig oder fast immer genau richtig sind. Der erste, der eine Verallgemeinerung des Begriffs der konvergenten Reihe gegeben hat, war Prof. Georg Frobenius,

*) „On divergent series, and various points in analysis connected with them“ (*Transactions of the Cambridge Philosophical Society*, 1844, Bd. 8, 2. Teil, S. 183).

der in einer im Jahre 1880 veröffentlichten Arbeit †) eine Teillösung des schon erwähnten Abelschen Problems gegeben hat, indem er bewies, daß, wenn man unter s_n die Summe $a_0 + a_1 + \dots + a_n$ versteht, $\operatorname*{Lim}_{x=1} f(x)$ existiert und gleich ist

$$\operatorname*{Lim}_{n=\infty} \frac{s_0 + s_1 + \dots + s_n}{n+1},$$

falls dieser letzte Grenzwert existiert; Frobenius hat so die Summe der Reihe $\sum\limits_0^\infty a_n$ als diesen Grenzwert definiert. In den Jahren, die zwischen der Veröffentlichung der Frobeniusschen Arbeit und 1901 lagen, dem Jahre, in dem Prof. E. Borels Buch [32]) über divergente Reihen erschien, wurden noch die folgenden Definitionen der Summe $\sum\limits_0^\infty a_n$ von den Professoren Hölder, Cesaro, Borel und Le Roy gegeben: —

Hölders Definition: $\sum\limits_0^\infty a_n = \operatorname*{Lim}\limits_{n=\infty} s_n^{(k)}$, (G)

wo k eine positive Summationszahl ist:

$$s_n^{(0)} = s_n, \quad s_n^{(1)} = \frac{s_0 + s_1 + \dots + s_n}{n+1},$$

$$s_n^{(2)} = \frac{s_0^{(1)} + s_1^{(1)} + \dots + s_n^{(1)}}{n+1}, \quad \dots,$$

$$s_n^{(k)} = \frac{s_0^{(k-1)} + s_1^{(k-1)} + \dots + s_n^{(k-1)}}{n+1},$$

und die Reihe wird als summierbar nach (Hk) bezeichnet.

Cesaros Definition: $\sum\limits_0^\infty a_n = \operatorname*{Lim}\limits_{n=\infty} \dfrac{S_n^{(k)} \cdot k!}{n^k}$, (H)

wo

$$S_n^{(0)} = s_n; \quad S_n^{(1)} = s_0 + s_1 + \dots + s_n,$$

$$S_n^{(2)} = S_0^{(1)} + S_1^{(1)} + \dots + S_n^{(1)}, \dots, S_n^{(k)} = S_0^{(k-1)} + S_1^{(k-1)} + \dots + S_n^{(k-1)},$$

und die Reihe heißt summierbar nach (Ck).

Borels erste Definition: $\sum\limits_0^\infty a_n = \operatorname*{Lim}\limits_{x=\infty} \left[e^{-x} \left(\sum\limits_0^\infty \dfrac{s_n x^n}{n!} \right) \right]$, (K)

und die Reihe heißt summierbar nach (B 1).

† „Über die Leibnitzsche Reihe" (*C. J.* Bd. 89, 1880).

[32]) „Leçons sur les séries divergentes", 1901.

$$\textit{Borels zweite Definition:}\ \sum_0^\infty a_n = \int_0^\infty e^{-x} A_k(x)\,dx\,, \tag{L}$$

wo

$$A_k(x) = (a_0 + a_1 + \dots + a_{k-1}) + (a_k + a_{k+1} + \dots + a_{2k-1})\,x$$
$$+ (a_{2k} + a_{2k+1} + \dots + a_{3k-1})\frac{x^2}{2!} + \dots,$$

und die Reihe heißt summierbar nach (B 2).

$$\textit{Le Roys Definition:}\ \sum_0^\infty a_n = \operatorname*{Lim}_{t=1} \sum_0^\infty \frac{\Gamma(nt+1)}{\Gamma(n+1)}\,a_n\,, \tag{M}$$

wo $0 < t < 1$.

22. Die Untersuchungen, die dem Erscheinen des Borelschen Buches folgten, werden am besten ihrem Inhalte entsprechend in 4 Gruppen eingeteilt. Sie enthalten (1) neue Summendefinitionen oder Vergleich verschiedener Definitionen, (2) Anwendungen auf Potenzreihen, (3) Anwendungen auf Dirichletsche Reihen oder (4) Anwendungen auf Fourier-Reihen oder andere Reihen orthogonaler Funktionen.

(1) Unter den Beiträgen zu dieser Gruppe nimmt wegen ihrer Anwendungen auf die Theorie der Dirichletschen Reihen die Definition von Dr. Marcel Riesz[33]) eine hervorragende Stellung ein:

$$\textit{Riesz' Definition:}\ \sum_0^\infty a_n = \operatorname*{Lim}_{\nu=\infty} \sum_{n=1}^{\nu} \left(1 - \frac{\lambda_n}{\lambda_\nu}\right)^r a_n\,, \tag{N}$$

wo λ_n irgendeine reelle Funktion von n bedeutet, die mit n unendlich wird. Die Reihe heißt summierbar nach (R $r\,\lambda$), d. h. nach der Rieszschen Definition summierbar vom Typus λ und der Ordnung r. Aber den wichtigsten Beitrag in dieser Gruppe bedeutet die Formulierung, die Prof. G. H. Hardy in einer Arbeit[34]) aus dem Jahre 1902 in dem folgenden allgemeinen Summationsprinzip gegeben hat: „Wenn eine Anzahl von Grenzoperationen, die in einer bestimmten Reihenfolge auf einer Funktion von mehreren Variabeln angewandt werden, zu einem bestimmten Resultate führen, es jedoch in einer anderen Reihenfolge nicht tun, so kommen wir überein zu sagen: der Ausdruck, der das Resultat ist der formalen Anwendung der Operationen in der zweiten Reihenfolge, bedeutet das Resultat der ersten Reihenfolge.“ Während der Periode 1902—1911 erschien eine große Zahl von Arbeiten, in denen eine oder mehrere der Definitionen (G), (H), (K), (L), (M), (N) auf ihre Anwendbarkeit, ihre Gleichwertigkeit und ähnliche

[33]) Vgl. seine Arbeiten in den *Comptes Rendus* vom Juni, Juli und November 1909.

[34]) „On differentiation and integration of divergent series“ (*Transactions of the Cambridge Philosophical Society*, Bd. 19).

Theoreme untersucht wurden. So verdanken wir z. B. den Untersuchungen der Prof. Knopp, Schnee, Ford und Schur[35]) mehrere Beweise der vollständigen Gleichwertigkeit von (G) und (H), der einfachste dieser Beweise ist der von Schur. Die Arbeiten von Hardy und Littlewood haben uns wieder das bemerkenswerte Resultat gebracht, daß eine einzelne Definition bei einer Reihe $\sum_0^\infty a_n$ versagen kann, nicht nur wenn die Reihe zu divergent ist, sondern auch wenn sie zu sehr beinahe konvergent ist. So sind z. B. (*G*) und (*H*) beide nicht anwendbar, wenn nicht $n^{-k} a_n$ gegen 0 geht, und wenn $|n a_n| <$ als eine bestimmte Größe K ist, so sind die Definitionen nicht anwendbar, außer wenn die Reihe konvergent ist; so ist $\sum_0^\infty n^{-1-i\alpha}$ für keinen Wert von α nach (G) oder (H) summierbar. Diese Resultate und ähnliche für (N) findet man in zwei Arbeiten, von denen eine von Hardy[36]) im Jahre 1910, die andere von Littlewood[37]) im Jahre 1911 veröffentlicht wurde. In einer anderen Abhandlung[38]) von Hardy und Littlewood zusammen wurden eine ganze Anzahl von interessanten Theoremen für (K) bewiesen, darunter das folgende: Strebt $\sqrt{n}\, a_n$ gegen 0, so ist $\sum_0^\infty a_n$ nur summierbar, wenn die Reihe konvergiert. Die Bedeutung des Hardyschen allgemeinen Summationsprinzips zeigt sich bei seiner erfolgreichen Anwendung, die er und Dr. Chapmann[39]) gemacht haben, um einige sehr allgemeine Klassen von Definitionen zu diskutieren und so eine klarere Einsicht in die Natur der Definitionen (G), (H), (K), (L), (M), (N) zu erhalten, die sich als besondere Fälle dem allgemeinen Prinzip unterordnen ließen und so in einfacher und natürlicher Weise zu interessanten Verallgemeinerungen der meisten vorher erwähnten Theoreme führten.

(2) Wegen des augenscheinlichen Zusammenhangs der beiden Gruppen gehören viele Abhandlungen der ersten Gruppe auch zur zweiten. Doch

---

[35]) Vgl. Knopps Berliner Dissertation 1907, Schnees Arbeit in *Math. Ann.*, Bd. 67, Fords Arbeit in *American Journal of Mathematics*, Bd. 32, und Schurs Arbeit in *Math. Ann.*, Bd. 74.

[36]) „Theorems relating to the summability and convergence of slowly oscillating series" (*Proc. L. M. S.*, 2. Reihe, Bd. 8).

[37]) „The converse of Abel's theorem on power series" (*Proc. L. M. S.*, 2. Reihe, Bd. 9).

[38]) „The relations between Borel's and Cesáro's methods of summation" (*Proc. L. M.S.*, 2. Reihe, Bd. 11). In diesem Zusammenhang vgl. Hardy und Littlewoods Arbeit „Theorems concerning the summability of series by Borel's exponential method" (*Rendiconti C. M. P.*, Bd. 41, 1916).

[39]) „A general view of the theory of summable series" (*Quarterly Journal of Pure and Applied Mathematics*, Bd. 42, 1911). In diesem Zusammenhang vgl. Dr. G. Sannias Arbeit „Nuovo metodo di sommazione delle serie: estensione del metodo di Borel" (*Rendiconti C. M. P.*, Bd. 42, 1917).

muß hier noch eine Reihe von Arbeiten erwähnt werden. In zwei Arbeiten[40]) aus dem Jahre 1907 untersucht Hardy die Fälle der Reihen $\sum_0^\infty a_n$, welche nach einer der Definitionen summierbar sind, aber so, daß die zugehörige Funktion $f(x)$ zwischen bestimmten Grenzen oszilliert, anstatt sich der Summe $\sum_0^\infty a_n$ zu nähern, wenn x gegen 1 geht. So beweist Hardy z. B., daß das Verhalten von $\sum_0^\infty (-1)^n x^{\psi(n)}$ für $x = 1$, wo $\psi(n)$ eine zunehmende Funktion von n von einer regulären und einfachen Art wie etwa

$$n, n^2, n^3, 2^n, 3^n, \ldots n!, (n!)^2, \ldots,$$

das folgende ist: Wenn $\psi(n)$ nicht zu schnell wächst, strebt die Reihe zur Grenze $\frac{1}{2}$; wenn die Zunahme von $\psi(n)$ eine gewisse Grenze übersteigt, so oszilliert die Reihe, und der Betrag der Oszillationen ist desto größer, je größer der Zuwachs von $\psi(n)$ ist; ist der Zuwachs von $\psi(n)$ größer oder gleich dem von $n!$, so bedecken die Oszillationen das ganze Intervall (0, 1). Ein anderer Teil von Arbeiten behandelt die Umkehrung des Abelschen und die Tauberschen Theoreme, das sind Theoreme von der Art des folgenden, das Tauber im Jahre 1897 bewiesen hat: Die Existenz des $\lim\limits_{x=1} \sum_0^\infty a_n x^n$ und die Bedingung $\lim\limits_{n=\infty} n\, a_n = 0$ zusammen bringen die Konvergenz von $\sum_0^\infty a_n$ mit sich. In einer Arbeit[37]) von Littlewood, über die vorher schon berichtet wurde, finden wir das Resultat, daß der Taubersche Satz selbst dann gilt, wenn für

$$\lim_{n=\infty} n a_n = 0$$

die weniger einschränkende Bedingung

$$n\,|a_n| < K$$

gesetzt wird. Die von Hardy und Littlewood im Jahre 1914 veröffentlichte Arbeit[41]) handelt von Tauberschen Theoremen für den Fall, daß a_n positiv ist.

Solche Fälle untersuchte in einer wichtigen 1904 erschienenen Arbeit[42]) Professor Pringsheim, der bewies, daß, wenn n gegen unendlich geht

$$s_n \sim A\, n^\alpha\, L(n),$$

---

[40]) „On certain oscillating series" (*Quarterly J. P. A. M.*, Bd. 38); „Some theorems concerning infinite series" (*Math. Ann.*, Bd. 64).

[41]) „Tauberian theorems concerning power series and Dirichlet's series whose coefficients are positive" (*Proc. L. M. S.*, 2. Reihe, Bd. 13).

[42]) „Über den Divergenz-Charakter gewisser Potenzreihen an der Konvergenzgrenze" (*Acta Math.*, Bd. 28).

wo A von 0 verschieden, die Indices $\alpha, \alpha_1, \alpha_2, \ldots$ reell und so beschaffen, daß $n^\alpha L(n)$ sich einer positiven Grenze oder unendlich nähert, $L(u)$ gesetzt ist für $(\log u)^{\alpha_1}$, $(\log\log u)^{\alpha_2} \ldots$, dann ist

$$f(x) \sim A \frac{\Gamma(\alpha+1)}{(1-x)^{\alpha+1}} L\left(\frac{1}{1-x}\right),$$

wenn x gegen 1 geht. Hardy und Littlewood stellten die Umkehrung des obigen Satzes auf. So wurde z. B. von ihnen bewiesen, daß, wenn

$$\sum_0^\infty a_n x^n \sim \frac{A}{(1-x)^\alpha},$$

wo α positiv ist,

$$s_n \sim \frac{A\, n^\alpha}{\Gamma(1+\alpha)}.$$

(3) Der erste, der einen erfolgreichen Versuch bei der systematischen Untersuchung von divergenten Dirichletschen Reihen mit Hilfe einer der Summationsdefinitionen unternahm, war Professor Harald Bohr, der seine erste Arbeit[43]) über diesen Gegenstand im Januar 1909, eine andere[44]) im selben Jahre und seine schwierige Dissertation[45]) und eine weitere Arbeit[46]) im Jahre 1910 veröffentlichte. Die von Bohr untersuchte Reihe ist die gewöhnliche, nämlich $\sum_1^\infty \frac{a_n}{n^s}$, die benutzte Definition ist (H). Bohr beweist, daß, so wie das Gebiet für gewöhnliche Konvergenz eine Halbebene ist, für jeden Wert von k eine Summabilitätslinie (C k) für die Reihe existiert, nämlich

$$R(s) = \sigma_k = \overline{\operatorname{Lim}}_{n=\infty} \left\{ \frac{S_n^k\, k!\, n^{-k}}{\log n} \right\}.$$

Die Reihe ist gemäß (C k) summierbar, wenn $R(s) > \sigma_k$, sie ist es nicht, wenn $R(s) < \sigma_k$. So ist z. B. bei der Reihe $\sum_1^\infty \frac{(-.1)^{n-1}}{n^s}$, $\sigma_k = -k$, und daher ist die Reihe über die ganze Ebene durch den einen oder anderen der Cesaro-Wege summierbar. Ein anderes der Bohrschen Resultate ist das folgende: Bedeutet λ_k die Abszisse der Summabilität (C k), dann ist

$$1 \geq \lambda_{k-1} - \lambda_k, \quad \text{und} \quad \lambda_{k-1} - \lambda_k \geq \lambda_k - \lambda_{k+1},$$

so daß, wenn wir von rechts nach links gehen, die Summabilitätsstreifen

---

43) „Sur la série de Dirichlet" (*Comptes Rendus*).

44) „Über die Summabilität Dirichletscher Reihen" (*Gött. Nachr*)..

45) „Bidrag til de Dirichlet'ske Raekkers Theorie" (Copenhagen).

46) „Über die Summabilitätsgrenzgerade der Dirichletschen Reihen" (*Sitzungsberichte der k. Akademie der Wissenschaften in Wien*).

nicht an Breite zunehmen. Von Bohr stammen noch viele andere Resultate, einige von ihnen wurden von Schnee in einer Arbeit[47]) im Jahr 1911 verallgemeinert. Die Cesaroschen Wege wurden von Hardy und Littlewood auch bei der Untersuchung der gewöhnlichen Dirichletschen Reihen in einer Arbeit[48]) aus dem Jahre 1912 eingeschlagen. Das vorher erwähnte Theorem von Bohr über die Summabilitätsstreifen wurde da als Korollar gefunden, neben vielen anderen Resultaten, von denen einige von der Art der Tauberschen sind. Taubersche Theoreme für positive Koeffizienten finden wir in der Arbeit[41]) von Hardy und Littlewood, über die schon in (2) berichtet wurde. In einer Arbeit[49]) vom Jahre 1910 erhält Hardy eine Reihe von Resultaten durch die Anwendung der Borelschen Summationsmethode auf die gewöhnlichen Dirichletschen Reihen. Unter diesen Resultaten befinden sich die folgenden: a) Ist $\sum_1^\infty a_n$ summierbar, so ist es $\sum_1^\infty \frac{a_n}{n^s}$, wo $R(s) > 0$; b) ist $\sum_1^\infty a_n$ absolut summierbar, so ist es $\sum_1^\infty \frac{a_n}{n^s}$, wo $R(s) > 0$; c) ist $\sum_1^\infty a^n x^n$ konvergent für $|x| < 1$, und die durch die Reihe dargestellte Funktion für $x = 1$ regulär, dann ist $\sum_1^\infty \frac{a_n}{n^s}$ für alle Werte von s summierbar und stellt eine Integralfunktion von s dar. Die Rieszsche Definition (N) wurde von ihm als besonders geeignet zur Anwendung auf den Fall der allgemeinen Dirichletschen Reihen $\sum_1^\infty a_n\, e^{-\lambda_n s}$ ausgebildet; seine Resultate findet man in der Arbeit[33]), die er 1909 veröffentlichte, und in einer Abhandlung[50]), die er mit Hardy 1915 herausgab.

(4) Die ersten Beiträge in dieser Gruppe waren die beiden Arbeiten[51]), die Professor Leopold Féjer im Dezember 1900 bzw. im April 1902 veröffentlichte, in denen er seinen berühmten Satz bewies, daß die Bedingung der Stetigkeit einer Funktion für die Summierbarkeit (C 1) der ihr entsprechenden Fourierschen Reihe

$$\frac{1}{2\pi}\int_0^{2\pi} f(\alpha)\,d\alpha + \sum_{n=1}^{\infty}\left[\frac{1}{\pi}\int_0^{2\pi} f(\alpha)\cos n(\alpha - x)\,d\alpha\right]$$

[47]) Über den Zusammenhang zwischen den Summabilitätseigenschaften Dirichletscher Reihen und ihrem funktionentheoretischen Charakter" (*Acta Math.*, Bd. 35).

[48]) „Contributions to the arithmetic theory of series" (*Proc. L. M. S.*, 2. Reihe, Bd. 11).

[49]) „The application to Dirichlet's series of Borel's exponential method of summation" (*Proc. L. M. S.*, 2. Reihe, Bd. 8).

[50]) „The general theory of Dirichlet's series" (*Cambridge Mathematical Tracts*, Nr. 18, 1915).

[51]) „Sur les fonctions bornées et intégrables" (*Comptes Rendus*).

genügt. Diese Arbeiten erschienen in erweiterter Form in einem ungarischen Journal[52]) im Jahre 1902 und dann 1903 in den *Mathematischen Annalen*[53]). Hardy[36]) beweist, daß entsprechend diesem Satze eine Reihe, für die $|n\,a_n| < K$ ist, konvergent ist, wenn sie gemäß (C 1) summierbar ist, die Konvergenz der zu einer stetigen Funktion zugehörigen Fourierschen Reihe, die die Dirichletschen Bedingungen erfüllt, folgt aus Féjers Resultat als unmittelbares Korollar. Auf demselben Wege gelingt es Littlewood durch seine Ausdehnung auf die Tauberschen Theoreme, über die in (2) berichtet wurde, das Fouriersche Theorem als Korollar des unter dem Namen „Poissonsches Integral“ bekannten Resultates darzulegen; indem er hierdurch den von Poisson versuchten Beweis des Fourierschen Theorems vervollständigt. In einer in den *Proc. L. M. S.* im Jahre 1913 erschienen Arbeit gibt Hardy die folgende bemerkenswerte Verallgemeinerung des Féjerschen Resultates: Die Fouriersche Reihe für irgendeine summierbare Funktion ist gemäß (C k) für jeden positiven Wert von k fast überall summierbar.

In einer im September 1908 niedergeschriebenen Arbeit[54]) dehnt Féjer seine Methode auf die Laplacesche Reihe

$$\sum_{n=0}^{\infty} \frac{2n+1}{4} \iint f(\Theta', \Phi')\, P_n(\cos\gamma) \sin\Theta'\, d\Theta'\, d\Phi'$$

aus, die zu einer Funktion $f(\Theta, \Phi)$ gehört, und beweist, daß, wenn die Funktion in jedem Punkt der Einheitskugel stetig ist, die Reihe gemäß (H 2) summierbar ist. Das Féjersche Resultat wurde in verschiedenen wichtigen Richtungen von Chapmann[55]), Dr. Gronwall[56]) und von Haar[57]) erweitert. So betrachtet Chapmann die Summierbarkeit (C k) für $k < 2$ und untersucht die zugehörigen Zusatzbedingungen, denen man $f(\Theta, \Phi)$ unterwerfen muß; Gronwall verbessert in gewissem Sinne Chapmanns Resultat dadurch, daß er neben anderem beweist, daß die Reihe gemäß (C 1) summierbar ist; Haar zeigt, daß die Féjersche Methode allgemein auf Reihen von Orthogonalfunktionen angewandt werden kann.

---

[52]) *Mathematikai és Physikai Lapok.*

[53]) „Untersuchungen über Fouriersche Reihen“ (*Math. Ann.*, Bd. 58).

[54]) „Über die Laplacesche Reihe“ (*Math. Ann.*, Bd. 67).

[55]) „On the general theory of summability, with applications to Fourier's and other series“ (*Quarterly J. P. A. M.*, Bd. 43, 1912).

[56]) „Über die Laplacesche Reihe“ (*Math. Ann.*, Bd. 74, 1913). „Über die Summierbarkeit der Reihen von Laplace und Legendre“ (*Math. Ann.*, Bd. 75, 1914).

[57]) „Zur Theorie der orthogonalen Funktionensysteme“ (*Math. Ann.*, Bd. 69, 1910). In diesem Zusammenhang vgl. Dr. C. N. Moore's Arbeit: „The summability of the developments in Bessel functions with applications“ (*Transactions of the American Mathematical Society* Bd. 10, 1909).

IV. Entwicklung des Relativitätsprinzips.

23. Das Relativitätsprinzip der Newtonschen Mechanik kann folgendermaßen gefaßt werden:

Ist K ein Koordinatensystem, in dem die Newtonschen Bewegungsgesetze gelten, so gelten sie auch für ein anderes Koordinatensystem K′, wenn K′ sich gleichförmig geradlinig gegen K bewegt. (P)

Dieses Prinzip, welches mit anderen Worten als das Prinzip der Kovarianz der Gleichungen der Newtonschen Mechanik gegenüber der Transformation

$$x' = x - vt\,, \quad y' = y\,, \quad z' = z\,, \quad t' = t\,, \tag{Q}$$

— wo v die Geschwindigkeit von K′ — ausgedrückt werden kann, hängt ab von dem Begriff des absoluten Raumes und der absoluten Zeit, die Newton einführte, und die von bedeutenden Mathematikern angegriffen wurde, lange bevor Prof. Einstein die moderne Relativitätstheorie aufgestellt hat. So sagt z. B. Duhamel*) im Jahre 1870: „Die absolute Bewegung, die bis zum heutigen Tage zugelassen wurde, ist eine *reine Chimäre*, die auf einer anderen Chimäre aufgebaut ist, nämlich der des unveränderlichen und absoluten Raumes. Wir müssen außerdem eine Vorstellung bekämpfen, die ebenso chimärenhaft ist wie die vom Raum, nämlich die, welche die Zeit zu einer wirklichen, notwendigen Einheit macht, unabhängig von allen Dingen.“ Und Mach**) sagt wiederum: „Newton hat die ganze Mechanik auf den absoluten Raum bezogen! In der Tat eine gewaltige Persönlichkeit! Es gehört kein großer Autoritätsglaube dazu, derselben zu unterliegen. Doch müssen wir auch ihm gegenüber Kritik üben. Es sieht sich sehr ähnlich, ob man die Bewegungsgesetze auf den *absoluten* Raum bezieht oder dieselben *abstract*, d. h. ohne ausdrückliche Bezeichnung des Bezugssystems ausdrückt. Dadurch aber, daß das erstere, wo es ernst wurde, fast immer im letzteren Sinne genommen wurde, ist der Newtonsche Irrtum weniger schädlich geworden und hat sich eben darum so lange gehalten. Daß in einer Zeit geringer erkenntnistheoretischer Kritik empirische Gesetze gelegentlich ins Sinnlose ausgedehnt worden sind, ist psychologisch und historisch verständlich. Es möchte sich darum kaum empfehlen, aus den Irrtümern und Nachlässigkeiten unserer wissenschaftlichen Vorfahren, statt dieselben zu korrigieren, seien es nun kleine oder auch große Leute, metaphysische Probleme zu machen.“ Trotz dieser Unzufriedenheit mit den Newtonschen Vorstellungen über Raum und Zeit wurde die Gültigkeit von (P) während des ganzen letzten Jahrhunderts nicht an-

*) „Des méthodes dans les sciences de raisonnement“, Bd. 4, S. 454.

**) „Die Mechanik in ihrer Entwicklung historisch kritisch dargestellt“, 4. Ausgabe 1901, S. 289—290.

getastet, und es wurde als sichere Tatsache angenommen, daß man durch rein innere mechanische Versuche oder Beobachtungen, d. h. ohne Zuhilfenahme von äußeren Systemen, niemals die Jahresbewegung der Erde feststellen könnte, die für eine hinreichend kleine Zeit, sagen wir für wenige Tage, als eine nahezu gleichförmige Translation angesehen werden kann. Aber es gab Physiker, die hofften, diese Bewegung durch rein terrestrische optische Versuche nachzuweisen. Da Maxwell gezeigt hatte, daß alle optischen Erscheinungen elektromagnetischen Ursprungs sind, wurde es notwendig, die elektrodynamischen Gleichungen für bewegte Körper sorgfältig zu untersuchen. Von dem Glauben an die Gültigkeit von (P) auch für elektrodynamische Erscheinungen geleitet, erhielt Hertz im Jahre 1890 ein System von Gleichungen für bewegte Körper, die er für besser hielt als die von Maxwell aufgestellten. Doch beide Systeme von Gleichungen standen in schroffem Widerspruch mit der Erfahrung. So berechnete sich z. B. der Fresnelsche Mitführungskoeffizient nach Maxwell bzw. Hertz zu $\frac{1}{2}$ bezw. zu 1, anstatt zu $1-\frac{1}{n^2}$. Der erste erfolgreiche Versuch, diesen Widerspruch mit der Erfahrung zu überbrücken, wurde von Prof. H. A. Lorentz unternommen. Die elektrodynamische Theorie von Lorentz, allgemein die Elektronentheorie genannt, ist niedergelegt in einer Arbeit†) aus dem Jahre 1892, und in vereinfachter und erweiterter Form in seiner berühmten Abhandlung††) vom Jahre 1895. Unter der Voraussetzung eines ruhenden, homogenen und isotropen Äthers stellt Lorentz die Fundamentalgleichungen

$$\left.\begin{aligned}\frac{\partial \boldsymbol{E}}{\partial t}+\varrho \boldsymbol{p}&=c\,\mathrm{curl}\,\boldsymbol{M}, &\quad \text{wo}\quad \varrho&=\mathrm{div}\,\boldsymbol{E};\\ \frac{\partial \boldsymbol{M}}{\partial t}&=-c\,\mathrm{curl}\,\boldsymbol{E}; & \mathrm{div}\,\boldsymbol{M}&=0;\end{aligned}\right\}\tag{R}$$

die genau oder mikrokosmisch im ganzen Raum gelten, und die makrokosmischen Gleichungen

$$\left.\begin{aligned}\frac{\partial \mathfrak{E}}{\partial t}&=c\,\mathrm{curl}\,\boldsymbol{M}'; &\quad \mathrm{div}\,\mathfrak{E}&=0;\\ \frac{\partial \boldsymbol{M}}{\partial t}&=-c\,\mathrm{curl}\,\boldsymbol{E}', & \mathrm{div}\,\boldsymbol{M}&=0;\\ \boldsymbol{M}'&=\boldsymbol{M}-\frac{1}{c}V\boldsymbol{v}\boldsymbol{E};\\ K\boldsymbol{E}'&=\mathfrak{E}+\frac{1}{c}V\boldsymbol{v}\boldsymbol{M},\end{aligned}\right\}\tag{S}$$

† „La théorie électromagnétique de Maxwell et son application aux corps mouvants" (*Archives Néerlandaises*, Bd. 25).

†† „Versuch einer Theorie der elektrischen und optischen Erscheinungen in bewegten Körpern" (E. J. Brill, Leyden).

die er durch eine Mittelwertsrechnung erhält, indem er Ausdrücke von der Ordnung $\frac{v^2}{c^2}$ und von höherer Ordnung vernachlässigt; v bedeutet hierbei die Geschwindigkeit des Körpers, c die des Lichts. Die Lorentzschen Gleichungen ergaben eine Übereinstimmung mit der Erfahrung, solange Einflüsse erster Ordnung in Betracht kamen. Aber sie konnten nicht den negativen Ausfall des berühmten Versuchs der Professoren Michelson und Morley erklären, weil dies ein Versuch zweiter Ordnung war. Um dieses Resultat auf Grund von (S) zu erklären, wurde Lorentz zu der Hypothese geführt, daß ein bewegter Körper sich um $\frac{1}{2}\frac{v^2}{c^2}$ pro Längeneinheit in der Bewegungsrichtung zusammenzieht, wenn er sich mit der Geschwindigkeit v durch den Äther bewegt. Aber diese Hypothese erwies sich als ungenügend, den negativen Ausfall der Versuche des verstorbenen Lord Rayleigh und des Professors Brace zu erklären, die im Jahre 1902 bzw. 1904 eine durch diese Kontraktion verursachte doppelte Strahlenbrechung nachweisen wollten. Um auch diese Resultate zu erklären, untersuchte Lorentz[58]) die elektromagnetischen Erscheinungen in einem gleichförmig bewegten Körper ohne Glieder irgendeiner Ordnung zu vernachlässigen und wurde so 1904 zu der berühmten Transformation, bekannt als die Lorentz-Transformation, geführt, nämlich

$$x' = \gamma(x - vt), \quad y' = y, \quad z' = z, \quad t' = \gamma\left(t - \frac{v}{c^2}x\right), \qquad \text{(T)}$$

$$\text{wo } \gamma \text{ für } \frac{1}{\sqrt{1 - \frac{v^2}{c^2}}} \text{ gesetzt ist,}$$

und zu dem Resultat, daß (R) für den freien Äther gegenüber dieser Transformation kovariant ist. Die modifizierte Lorentzsche Theorie, die durch (T) dargestellt wird, erklärt den negativen Ausfall aller rein terrestrischer Versuche, um die Jahresbewegung der Erde nachzuweisen.

24. Das Relativitätsprinzip, welches Einstein in seiner Arbeit[59]) vom Jahre 1905 aufstellte, kann folgendermaßen ausgesprochen werden:

Jedes allgemeine Gesetz für physikalische Erscheinungen muß so beschaffen sein, daß es in ein Gesetz von genau derselben Form übergeht, wenn man an Stelle der Variabeln x, y, z, t des ursprünglichen (Galileischen) Koordinatensystems K, die neuen Variabeln x', y', z' t' eines neuen Koordinatensystems K′, das mit K durch (T) verbunden ist, einführt;

[58]) „Electromagnetic phenomena in a system moving with any velocity smaller than that of light" (*Proceedings of the Royal Academy of Amsterdam*, Bd. 6, 1904).

[59]) „Zur Elektrodynamik bewegter Medien" (*Annalen der Physik*, 4. Reihe, Bd. 17, S. 891—921).

oder mit anderen Worten: jedes Gesetz über physikalische Erscheinungen ist gegenüber der Lorentz-Transformation kovariant. Das Ziel, das Einstein bei seiner Arbeit verfolgte, war, solche fundamentale Vorstellungen über Raum und Zeit einzuführen, daß durch sie eine vollkommene Reziprozität oder Äquivalenz zweier Koordinatensysteme, K und K′, von denen sich jedes gegenüber dem andern in gleichförmiger Translation befindet, erreicht wird. Einstein beginnt mit einer kritischen Untersuchung des Begriffs der Gleichzeitigkeit. Von der *Voraussetzung*, daß jeder Lichtimpuls sich im Vakuum gegenüber K mit einer bestimmten Geschwindigkeit c fortpflanzt, gleichgültig ob der Impuls von einer gegenüber K ruhenden oder bewegten Quelle herrührt, *leitet* er ab, daß x', y', z', t', die Variabeln, die im System K′ zu einem Ereignis gehören, durch (T) mit x, y, z, t, den Variabeln, die im System K zu demselben Ereignis gehören, verbunden sein müssen, wenn v die Geschwindigkeit der gleichförmigen Translation, die x- und x'-Achse ihre Richtung ist. Einige allgemeine Resultate dieser Einsteinschen Theorie, die die spezielle Relativitätstheorie genannt wird, mögen hier aufgezählt werden: — a) Im Gegensatz zu den Aussagen der Newtonschen Mechanik sind weder das Zeitintervall (Zeit) zwischen zwei Ereignissen noch das Raumintervall (Entfernung) zweier Punkte von der Bedingung einer gleichförmigen Bewegung des Koordinatensystems unabhängig, das erstere wächst, das letztere nimmt auf Grund der Bewegung ab; b) die Newtonsche Vektorformel $\boldsymbol{v}_1 + \boldsymbol{v}_2$ für die Zusammensetzung zweier Geschwindigkeiten wird durch Einsteins berühmte Formel

$$\left[\frac{(\boldsymbol{v}_1 + \boldsymbol{v}_2)^2 - \frac{1}{c^2}(V\boldsymbol{v}_1\boldsymbol{v}_2)^2}{\left\{1 + \frac{1}{c^2}(\boldsymbol{v}_1\boldsymbol{v}_2)\right\}^2}\right]^{\frac{1}{2}}$$

ersetzt; c) ein Punkt, der gegenüber K in gleichförmiger Beschleunigung ist, ist es auch gegenüber K′, aber die Newtonschen Bewegungsgleichungen eines beschleunigten Teilchens sind gegenüber (T) nicht genau kovariant; d) die kinetische Energie eines materiellen Teilchens von der Masse m wird nicht mehr durch die bekannte Formel $\frac{mV^2}{2}$, sondern durch den Ausdruck

$$\frac{mc^2}{\sqrt{1 - \frac{V^2}{c^2}}}$$

dargestellt, dies führt zu dem richtigen Ergebnis, daß die träge Masse eines Körpers nicht konstant ist, sondern sich mit der Energie des Körpers ändert. Die von Einstein in seiner ersten Arbeit gegebene Theorie entwickelte er ausführlicher in einer im Jahre 1907 erschienenen Arbeit[60]), die auch die Darlegung der Dynamik eines Teilchens nach dem Relativitätsprinzip enthält. Eine andere wichtige Arbeit Einsteins[61]) behandelt die Trägheit der Energie; er zeigt, daß, wenn ein Körper einen Energiebetrag E_0 aufnimmt, seine träge Masse um $\frac{E_0}{c^2}$ wächst; so daß, wenn wir die träge Masse eines Systems von Körpern als Maß für die Energie des Systems ansehen, der Satz von der Erhaltung der Masse mit dem Satz von der Erhaltung der Energie identisch wird.

Unter denen, deren Forschungen zu der Entwicklung der Relativitätstheorie beigetragen haben, nimmt Minkowski eine hervorragende Stellung ein. Sein Hauptverdienst ist die Entdeckung[62]), die er 1907 veröffentlichte, daß „das vierdimensionale Raumzeitkontinuum der Relativitätstheorie in seinen wichtigsten formalen Eigenschaften eine ausgesprochene Verwandtschaft mit dem dreidimensionalen Kontinuum des euklidischen geometrischen Raumes aufweist". Um dies zu zeigen, setzt Minkowski $x_1 = x$, $x_2 = y$, $x_3 = z$, $x_4 = \sqrt{-1}\,ct$, mit ähnlichen Gleichungen für x', y', z', t', so daß $x_1^2 + x_2^2 + x_3^2 + x_4^2 = x_1'^2 + x_2'^2 + x_3'^2 + x_4'^2$ ist, und (T) einer „Rotation" des Koordinatensystems in dem vierdimensionalen Kontinuum, das von den Koordinaten x_1, x_2, x_3, x_4 gebildet und von Minkowski die Welt genannt wird, entspricht; die Rotation findet in der x_1–x_4-Ebene statt um einen imaginären Winkel, dessen tangens gleich $\frac{v\sqrt{-1}}{c}$ ist. Durch diese Darstellung und durch eine andere, die Minkowski in seiner berühmten Abhandlung[63]) über Raum und Zeit gegeben hat, gewinnt die Einsteinsche Theorie sehr viel an Klarheit. Interessante graphische Darstellungen für die Zusammensetzung von Geschwindigkeiten wurden von Sommerfeld[64]), Prof. V. Varičak[65]) und Dr. A. A. Robb[66]) gegeben. Verschiedene Zweige der Mechanik sind im

[60]) „Über das Relativitätsprinzip und die aus demselben gezogenen Folgerungen" (*Jahrbuch der Radioaktivität und Elektronik*, Bd. 4, S. 411—462).

[61]) „Über die vom Relativitätsprinzip geforderte Trägheit der Energie" (*Ann. d. Phys.*, 4. Reihe, Bd. 23, 1907).

[62]) Vgl. seine Arbeit „Die Grundgleichungen für die elektromagnetischen Vorgänge in bewegten Körpern" (*Gött. Nachr.*).

[63]) „Raum und Zeit" (*Physikalische Zeitschrift*, Bd. 10, 1909).

[64]) Vgl. seine Arbeit in den *Verhandlungen der deutschen Physikalischen Gesellschaft*, Bd. 11, 1909, S. 577; in diesem Zusammenhang auch seine Arbeit „Zur Relativitätstheorie" in *Ann. d. Phys.* 1910.

[65]) Vgl. seine Arbeit in der *Phys. Zeit.*, Bd. 11, 1910; in diesem Zusammenhang auch seine Abhandlung im *Jahresbericht d. d. M.-V.*, Bd. 21, 1912.

[66]) „Optical Geometry of Motion" (W. Heffer and Sons, Cambridge, 1911),

Lichte der Einsteinschen Theorie bearbeitet worden, so die Hydrodynamik durch Dr. Lamla[67]), die Elastizitätstheorie durch Prof. Herglotz[68]) und die Thermodynamik durch Prof. Planck[69]).

25. Ausgehend von dem Gedanken, daß nichts in der Newtonschen Mechanik oder in der speziellen Relativitätstheorie eine Bevorzugung eines der Systeme K oder K′ zur Formulierung der allgemeinen Naturgesetze rechtfertigt, baute Einstein in einer Reihe von Arbeiten[70]), die in den Jahren 1911—1915 erschienen, und in einer Zusammenfassung in seiner berühmten Abhandlung[71]) vom Jahre 1916 eine allgemeine Relativitätstheorie auf den beiden folgenden Prinzipien auf: —

Allgemeines Relativitätsprinzip: Alle (Gaußischen) Koordinatensysteme sind für die Formulierung der allgemeinen Naturgesetze wesentlich gleichberechtigt. (V)

Äquivalenzprinzip: Bemerkt ein Beobachter in dem Verlauf einer Erscheinung eine Änderung, die durch ein Gravitationsfeld hervorgerufen wird, so würde er genau dieselbe Änderung bemerken, wenn das Gravitationsfeld nicht existierte und das von ihm benutzte Koordinatensystem mit einer geeigneten Beschleunigung bewegt würde. (W)

Das immer bleibende Ergebnis der allgemeinen Theorie ist Einsteins Gravitationsgesetz, das dem Newtonschen vorzuziehen ist, nicht nur, weil dieses durch die neuen Anschauungen über Entfernung und träge Masse, die die spezielle Relativitätstheorie gebracht hatte, bedenklich erschien, sondern auch, weil es sich neueren astronomischen Beobachtungen[72]) gegenüber nicht halten konnte, während diese das Einsteinsche Gesetz bestätigen.

---

[67]) „Über die Hydrodynamik des Relativitätsprinzips“ (*Ann. d. Phys.*, Bd. 37, 1912).

[68]) Vgl. seine Arbeit in *Ann. d. Phys.*, 4. Reihe, Bd. 36, 1911.

[69]) „Zur Dynamik bewegter Systeme“ (*Ann. d. Phys.*, 4. Reihe, Bd. 26, 1908, S. 1—34).

[70]) Das Äquivalenzprinzip wurde von Einstein 1911 in seiner Arbeit in *Ann. d. Phys.*, Bd. 35, S. 898ff. entwickelt. Zusammen mit Prof. Großmann veröffentlichte Einstein „Entwurf einer verallgemeinerten Relativitätstheorie und einer Theorie der Gravitation“ (*Zeitschrift für Mathematik und Physik*, Bd. 62, 1913) und „Kovarianzeigenschaften der Feldgleichungen der auf die verallgemeinerte Relativitätstheorie gegründeten Gravitationstheorie“ (*Z. f. Math. u. Phys.*, Bd. 63, 1914). Einstein teilte zwei Arbeiten betitelt „Zur allgemeinen Relativitätstheorie“ der Berliner Akademie der Wissenschaften am 11. und am 25. Nov. 1915 mit (vgl. S. 799—801 u. 844—847 der *Sitzungsberichte* der Akademie).

[71]) „Grundlagen der allgemeinen Relativitätstheorie“ (*Ann. d. Phys.*, 4. Reihe, Bd. 49, S. 769—822).

[72]) Vgl. Dr. Harold Jeffreys Arbeit „On the crucial test of Einstein's theory of Gravitation“ (*Monthly Notices of the Royal Astronomical Society*, Bd. 80, 1920, S. 153). Vgl. ferner das Buch von Prof. Eddington „Space, time and gravitation“ (Cambridge, 1920), Ch. 7. Diese Beobachtung bestätigt die Folgerung b) auf der übernächsten Seite.

Nehmen wir an Stelle von x, y, z, t vier Gaußische Koordinaten x_1, x_2, x_3, x_4, und das Linienelement, gegeben durch

$$ds^2 = \sum_{\nu=1}^{4} \sum_{\mu=1}^{4} g_{\mu\nu}\, dx_\mu\, dx_\nu ,$$

wo $g_{\mu\nu} = g_{\nu\mu}$, dann ist das Einsteinsche Gesetz in den zehn partiellen Differentialgleichungen zweiter Ordnung enthalten, denen die g genügen müssen; diese Gleichungen haben die Form

$$G_{\mu\nu} = 0 \quad \text{oder} \quad K_{\mu\nu} , \tag{X}$$

je nachdem das betrachtete Gebiet ein leeres ist oder nicht. Der Riemann-Christoffelsche Tensor

$$G_{\mu\nu} = -\sum_{\alpha=1}^{4} \frac{\partial}{\partial x_\alpha} \left\{\mu\nu, \alpha\right\} + \sum_{\alpha=1}^{4} \sum_{\beta=1}^{4} \left\{\mu\alpha, \beta\right\}\left\{\nu\beta, \alpha\right\}$$

$$+ \frac{\partial^2}{\partial x_\mu \partial x_\nu} \log \sqrt{g} - \sum_{\alpha=1}^{4} \left\{\mu\nu, \alpha\right\} \frac{\partial}{\partial x_\alpha} \log \sqrt{g} ,$$

$$\left\{\mu\nu, \lambda\right\} = \tfrac{1}{2} \sum_{\alpha=1}^{4} g^{\lambda\alpha} \left(\frac{\partial g_{\mu\alpha}}{\partial x_\nu} + \frac{\partial g_{\nu\alpha}}{\partial x_\mu} - \frac{\partial g_{\mu\nu}}{\partial x_\alpha} \right),$$

$- g g^{\mu\nu} =$ dem Minor von $g_{\mu\nu}$ in der in vier Zeilen und Spalten aus den Elementen $g_{\mu\nu}$ gebildeten Determinante $- g$, und $K_{\mu\nu}$ hängt nur von den physikalischen Bedingungen ab, nämlich von der Verteilung der Materie und dem Bewegungszustand in dem betrachteten Gebiet. Die Bewegungsgleichungen eines Teilchens, das der Trägheit *und* der Gravitation unterworfen ist, sind gegeben durch

$$\delta \int ds = 0;$$

sie sind

$$\frac{d^2 x_\alpha}{ds^2} = -\sum_{\mu=1}^{4} \sum_{\nu=1}^{4} \left\{\mu\nu, \alpha\right\} \frac{dx_\mu}{ds} \frac{dx_\nu}{ds} , \tag{Y}$$

$\alpha = 1, 2, 3, 4.$

Als eine erste *Näherung* ergeben (X) und (Y) die Resultate der Newtonschen Theorie, nämlich die Laplacesche oder Poissonsche Gleichung, und die Bewegungsgleichungen der Newtonschen Mechanik.

Drei Folgerungen aus der Einsteinschen Theorie haben besonderes Aufsehen erregt:

a) Als eine zweite Näherung führen (X) und (Y) zu einer kleinen Abänderung der Newton-Keplerschen Planetenbahn, so daß der von dem

Fahrstrahl Sonne-Planet zwischen einem Perihel und dem nächsten beschriebene Winkel um

$$\frac{24\pi^3 a^2}{T^2 c^2 (1 - e^2)}$$

2π übersteigt.

Die Perihelbewegung des Merkur berechnet sich nach obiger Formel zu 43″ für das Jahrhundert, für die anderen Planeten des Sonnensystems ist die Bewegung zu klein, um nachgewiesen zu werden.

b) Ein Lichtstrahl, der die Sonne in einer Entfernung von N Sonnenradien von ihrem Mittelpunkt passiert, wird gegen ihren Mittelpunkt um

$$\frac{1{,}7''}{N}$$

abgelenkt.

c) Ein Atom absorbiert oder emittiert Licht von einer Frequenz, die von dem Potential oder dem Gravitationsfeld, in dem es sich befindet, abhängt, so daß die Spektrallinien in dem Licht, das von der Sonne zu uns kommt, gegen das rote Ende des Spektrums verschoben sein müssen.

Das erste Einsteinsche Ergebnis stimmt genau mit dem beobachteten Wert der Perihelbewegung des Merkur überein; das zweite wurde bei der totalen Sonnenfinsternis am 29. Mai 1919 bestätigt, und was das dritte betrifft, so ist die augenblickliche Ansicht die, daß es unmöglich ist, sicher zu entscheiden, ob die vorausgesagte Verschiebung beobachtet wurde oder nicht.

Unter den Untersuchungen, die der Veröffentlichung der Einsteinschen Abhandlung folgten oder fast gleichzeitig mit ihr erschienen, nimmt die von Hilbert[73]) einen hervorragenden Platz ein. Hilbert gab eine alternierende Methode, um die Fundamentalgleichungen der allgemeinen Relativitätstheorie abzuleiten. Er benutzte das Postulat, daß alle Gesetze des physikalischen Geschehens in einem allgemeinen Prinzip, nämlich

$$\delta \int H \sqrt{g}\, d\tau = 0,$$

wo H eine Invariante ist, enthalten sind. Die Hilbertsche Methode wurde von Lorentz[74]) weiterentwickelt und von Weyl[75]), dem es gelang, Elektrizität und Gravitation in einer Geometrie zusammen zu behandeln. Eine interessante Besprechung, sowohl der Einsteinschen und der Hilbertschen

---

[73]) „Die Grundlagen der Physik I" (*Gött. Nachr.*, 1915), mitgeteilt am 20. Nov. 1915; „Die Grundlagen der Physik II" (*Gött. Nachr.* 1917).

[74]) „On Einstein's theory of Gravitation" (*Procedings R. A. Amst.*, Bd. 19, 1917).

[75]) Vgl. seine Arbeiten in *Berl. Sitzungsberichte* vom 30. Mai 1918 und in *Ann. d. Phys.*, Bd. 54, 1917 und Bd. 59, 1919. In diesem Zusammenhang vgl. auch sein Buch „Raum — Zeit — Materie" (Julius Springer, Berlin, 3. Aufl., 1920).

Methode als auch der Einsteinschen Vorstellung[76]) eines endlichen Raumes von sphärischer oder zylindrischer Gestalt finden wir in einer Reihe von Arbeiten[77]) von Klein, der den Zusammenhang zwischen den Gedanken, die der Relativitätstheorie zugrunde liegen, und den Gedanken, die er lange vorher in seinem Erlanger Programm entwickelte, nachgewiesen hat. Eine wohldurchdachte Kritik der Einsteinschen Theorie gab Dr. L. Silberstein in einer Arbeit[78]) vom Juli 1918. Von den letzten Arbeiten über die Relativitätstheorie mögen noch die der Professoren A. Palatini[79]) und E. Kasner[80]) erwähnt werden.

---

[76]) „Kosmologische Betrachtungen zur Relativitätstheorie" (*Berl. Sitzungsberichte* vom 17. Febr. 1917).

[77]) „Zu Hilberts erster Note über die Grundlagen der Physik" (*Gött. Nachr.*, 1918); „Über die Differentialgesetze für die Erhaltung von Impuls und Energie in der Einsteinschen Gravitationstheorie" (*Gött. Nachr.*, 1918); „Über die Integralform der Erhaltungssätze und die Theorie der räumlich geschlossenen Welt." (*Gött. Nachr.*, 1918).

[78]) „General relativity without the equivalence hypothesis" (*Phil. Mag.*, Bd. 36).

[79]) „Deduzione invariantiva delle equazioni gravitazionali dal principio di Hamilton" (*Rendiconti C. M. P.*, Bd. 43, 1919).

[80]) „Einstein's Theory of Gravitation" (*A. J. M.*, Bd. 43, No. 1, 1921).

FSC
www.fsc.org
MIX
Papier | Fördert gute Waldnutzung
FSC® C083411

Zeitfracht Medien GmbH
Ferdinand-Jühlke-Straße 7
99095 Erfurt, Deutschland
produktsicherheit@kolibri360.de